HISTOIRE NATURELLE

DES

COLÉOPTÈRES

DE FRANCE

PAR

E. MULSANT

Sous-Bibliothécaire de la ville de Lyon,
Professeur d'histoire naturelle au Lycée,
Correspondant du Ministère de l'instruction publique, etc.

ET CL. REY.

ANGUSTICOLLES

DIVERSIPALPES

PARIS

MAGNIN, BLANCHARD et Cie, SUCCESSEUR DE LOUIS JANET
Rue Honoré-Chevalier, 3, près la place St-Sulpice

—

1863-1864

COLÉOPTÈRES

DE FRANCE

Lyon. Imp. Pinier, successeur de Richard, 31, rue Tupin.

HISTOIRE NATURELLE

DES

COLÉOPTÈRES

DE FRANCE

PAR

E. MULSANT

Sous-Bibliothécaire de la ville de Lyon,
Professeur d'histoire naturelle au Lycée,
Correspondant du Ministère de l'instruction publique, etc.

ET CL. REY.

ANGUSTICOLLES

DIVERSIPALPES

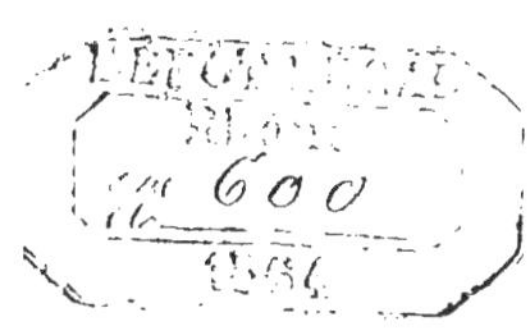

PARIS

MAGNIN, BLANCHARD et Cie, SUCCESSEUR DE LOUIS JANET

Rue Honoré-Chevalier, 3, près la place St-Sulpice

1863-1864

A MONSIEUR

BENOIT-PHILIBERT PERROUD

VICE-PRÉSIDENT DE LA SOCIÉTÉ LINNÉENNE,

MEMBRE DE L'ACADÉMIE ET DE LA SOCIÉTÉ D'AGRICULTURE

DE LYON, ETC., ETC.

MONSIEUR,

La science entomologique, dont vous êtes parmi nous l'un des représentants les plus glorieux, nous fournirait bien des titres pour rappeler ici tous les services qu'elle vous doit ; mais l'amitié dont vous nous honorez, a des dettes particulières et plus pressantes à acquitter, et elle seule veut avoir le plaisir de vous offrir ces pages : vous voudrez bien sans doute les accueillir comme un témoignage des sentiments affectueux de

Vos dévoués

E. MULSANT et Cl. REY.

Lyon, le 8 Décembre 1863.

TABLEAU MÉTHODIQUE

DES

ANGUSTICOLLES DE FRANCE

1er GROUPE **CLÉRIDES**.

1re FAMILLE. **TILLIENS**.

Denops, Fischer.

albofasciatus, CHARPENTIER.

Tillus, Olivier.

elongatus, LINNÉ.
unifasciatus, FABRICIUS.

2me FAMILLE. **CLÉRIENS**.

Thanasimus, Latreille.

mutillarius, FABRICIUS.
formicarius, LINNÉ.
rufipes, BRAHM.
quadrimaculatus, SCHALLER.

Opilus, Latreille.

mollis, LINNÉ.
domesticus, STURM.
pallidus, OLIVIER.

Clerus, Geoffroy.

octopunctatus, FABRICIUS.
apiarius, LINNÉ.
alvearius, FABRICIUS.
leucopsideus, OLIVIER.

Tarsostenus, Spinola.

univittatus, ROSSI.

Enoplium, Latreille.

serraticorne, OLIVIER.

Orthoplevra, Spinola.

sanguinicolle, FABRICIUS.

2me GR. **CORYNÉTIDES**.

1re FAMILLE. **CORYNÉTIENS**.

Corynetes, Herbst.

cœruleus, DE GEER.
ruficornis, STURM.
violaceus, LINNÉ.
rufficollis, FABRICIUS.

Agonolia, Mulsant et Rey.

rufipes, DE GEER.

2me FAMILLE. **LARICOBIENS**.

Laricobius, Rosenhauer.

Erichsonii, ROSENHAUER.

TRIBU

DES

ANGUSTICOLLES

Caractères. *Antennes* courtes ou médiocres; généralement insérées sous un rebord des joues; tantôt au devant des yeux; tantôt à leur côté interne ou externe antérieur; des onze articles, de forme variable : les trois derniers souvent en massue comprimée, courte ou allongée : les 3e à 10e ou 4e à 10e, parfois dentés au côté interne. *Yeux* généralement échancrés, tantôt en devant, tantôt à leur côté interne, ou vers leur partie interne antérieure. *Epistome* non séparé du front par une suture. *Labre* habituellement transverse. *Mandibules* cornées; armées à leur côté interne d'une dent subapicale, ou subifides, à leur extrémité. *Mâchoires* à deux lobes, ciliés ou frangés à leur sommet. *Palpes maxillaires* de quatre articles. *Palpes labiaux* de trois : ces derniers souvent plus longs que les maxillaires. *Tête* plus ou moins enfoncée dans le prothorax. *Prothorax* plus étroit à la base qu'à sa partie antérieure; ordinairement marqué d'un *sillon transversal* un peu arqué en arrière, croisant la ligne médiane, du cinquième au tiers ou un peu plus de sa longueur. *Ecusson* apparent. *Elytres* plus larges en devant que la base du prothorax; voilant ordinairement l'abdomen; quelquefois dépassées par les derniers anneaux de cette partie. *Ventre* de six et plus rarement de cinq anneaux apparents. *Hanches antérieures* allongées, subcylindriques ou en cône obtus; contiguës ou subcontiguës : les postérieures, transverses, enfoncées, sans lames supérieures distinctes; recouvertes par les cuisses dans l'état de repos. *Trochanters* des cuisses postérieures médiocres ou assez courts. *Tarses* rarement de cinq articles très-distincts; à premier article souvent voilé en dessus par le second ou rudimentaire : les tarses d'autrefois paraissant n'avoir que quatre articles, par suite de l'état rudimentaire du 4e, caché dans l'échancrure du précédent : l'avant-dernier apparent, échancré ou bilobé : les quatre premiers articles des tarses ou la plupart d'entre eux munis en dessous de soles ou lamelles membraneuses plus ou moins développées. *Ongles* simples ou dentés. *Corps* oblong, suballongé ou allongé; subcylindrique; à fragments solides; ordinairement hérissé de poils, au moins sur la tête et sur le prothorax.

Les insectes de cette tribu, malgré les modifications qui diversifient leurs formes, présentent un faciès particulier qui permet en général de les reconnaître au premier coup d'œil. Le rétrécissement de leur prothorax, dans sa partie postérieure, a depuis longtemps été remarqué : de là, le nom *d'angusticolles* employé pour les désigner. En dehors des caractères généraux propres à les faire reconnaître, leur étude fait nécessairement découvrir dans leur organisation des différences particulières plus ou moins notables.

La *Tête* toujours très-penchée ou perpendiculaire, est ordinairement plus large que longue : chez les Denops, au contraire, sa longueur excède visiblement sa largeur. Le plus souvent, elle est enfoncée dans le prothorax jusqu'au bord postérieur des yeux ou jusque près de ce bord; quelquefois cependant le segment prothoracique reste à une distance plus ou moins notable des organes de la vision.

L'*Epistome*, non séparé du front par une suture bien marquée, n'a souvent à sa partie postérieure que des limites indécises.

Le *Labre* toujours existant et transverse, est le plus souvent échancré à son bord antérieur.

Les *Mandibules*, d'une nature cornée, sont arquées à leur côté externe, échancrées à leur extrémité, ou munies d'une ou plusieurs dents à leur côté interne.

Les *Mâchoires* ont une tige cornée et coudée, insérée aux angles postérieurs du menton ; elles sont terminées par deux lobes frangés ou ciliés à leur extrémité, et dont l'extérieur est ordinairement un peu plus long.

Les *Palpes maxillaires* ordinairement plus courts, dans cette tribu, que les labiaux, ont quatre articles : le dernier, qui joue le rôle principal dans la fonction de ces organes, varie singulièrement dans sa forme : il se montre subcylindrique, chez les Orthoplèvres : oblong chez les Thanasimes ; subfusiforme chez les Tilliens ; obtriangulaire, chez les Clairons ; sécuriforme, chez les Opiles.

Le *Menton* se compose de deux pièces cornées unies par un ligament musculaire.

La *Languette* est membraneuse ou coriace

Les *Palpes labiaux*, souvent plus longs que les maxillaires, sont composés de trois articles : le dernier, moins variable que celui de ces derniers, est ordinairement obtriangulaire ou sécuriforme.

Les *Joues* se révèlent généralement par une ligne élevée, située sur les côtés de la tête, entre les mandibules et les organes de la vision, qu'elles entament ou échancrent le plus souvent.

Les *Antennes* sont insérées sous le rebord des joues, près de l'échancrure des yeux. Leur point d'insertion varie avec cette échancrure : tantôt, il est situé au devant des yeux, tantôt vers leur bord interne ou antéro-interne. Elles sont courtes ou médiocres. Chez les espèces de notre pays, elles ont toujours onze articles, et se montrent plus grosses vers leur extrémité. Mais en dehors de ces caractères généraux, quelle diversité ne montrent-elles pas suivant les genres ? Chez les Opiles, leurs articles, submoniliformes ou presque en grains de chapelet, vont en grossissant subgraduellement jusqu'au dernier. Chez les Corynètes et divers autres, les trois derniers constituent brusquement une massue plus ou moins serrée. Chez les Tilles, les antennes sont comprimées, graduellement élargies et dentées au côté interne, à partir du 3e ou du 4e article.

Les *Yeux*, situés sur les côtés de la tête, ont des facettes fines, chez les uns, grossières chez les autres. Ils varient un peu de forme. Ils sont sémi-globuleux, chez divers Corynètes ; transverses, chez les Opiles ; plus longs que larges chez les Clairons. Chez la plupart des insectes de cette tribu, ils laissent le front assez large; d'autrefois, comme chez les Pseudochlorops, ce dernier est réduit à des proportions plus restreintes. Ils sont généralement entamés par les joues d'une manière plus ou moins apparente : chez les uns, comme chez les Thanasimes, leur échancrure est située à leur bord antérieur : chez d'autres, comme chez les Clairons, elle est profonde, oblique et placée vers le milieu de leur côté interne : chez divers autres, elle se rapproche davantage de leur partie antérieure.

Le *Prothorax*, généralement tronqué et plus large en devant qu'en arrière, varie dans ses proportions et dans sa convexité : tantôt il est plus long que large ; d'autrefois son diamètre transversal le plus grand l'emporte sur la longueur de sa ligne médiane. Le plus souvent il est rétréci à partir de la moitié ou des trois cinquièmes de ses côtés jusqu'à la base ou jusque près de celle-ci, et se montre presque cylindrique, au moins dans cette partie. Son rétrécissement postérieur s'opère tantôt en formant une sinuosité latérale au devant des angles postérieurs, tantôt en formant au contraire une courbe plus ou moins régulière : dans le premier cas, les angles postérieurs sont prononcés : dans le second, le prothorax est arrondi à ses angles, comme on le voit chez les Nécrobies et les Opétiopalpes. Sa face supérieure offre ordinairement au moins les traces d'une dépression ou d'un sillon transversal (peu marqué chez les Corynètiens), un peu arqué en arrière, naissant sur les côtés plus ou moins près des angles de devant, et croisant la ligne médiane du cinquième au tiers ou un peu plus de la longueur de celle-ci. Cette face supérieure se replie parfois en dessous, sans indication des limites servant à la séparer de sa partie inférieure ; d'autrefois, au contraire, comme chez les Enopliates et les Corynètiens, elle est pourvue sur les côtés d'un rebord lisse ou denticulé, lui donnant des bornes précises.

L'*Ecusson* toujours apparent, est ordinairement plus large que long.

Les *Elytres*, d'une consistance assez solide, sont toujours plus larges en devant que la base du prothorax ; le plus souvent elles vont en s'élargissant un peu jusque vers les deux tiers ; ordinairement elles voilent complétement l'abdomen ; parfois elles sont débordées par les derniers anneaux de cette partie du corps. Elles sont en général peu convexes sur le dos et convexement déclives sur les côtés. Les points it régulièrement rapprochés, soit disposés en rangées sériales, la rie juxta-suturale et postscutellaire, et la dépression transversale, ı'elles montrent chez certaines espèces, fournissent des caractères ısceptibles d'être utilisés.

Les *Ailes*, toujours existantes, sont voilées par les étuis dans l'état e repos.

Le *Dessous du corps* a aussi son importance dans la vie de relation.

L'*Antépectus* montre ordinairement des dimensions assez restreintes.

Le *Prosternum* et le *mésosternum* sont plus ou moins resserrés par ›s hanches et se prolongent rarement jusqu'à la partie de celle-ci.

Le *Postpectus* sans refouler le ventre, est deux ou trois fois plus rand que le *médipectus*; il est entaillé à la partie postérieure du *me-ısternum.*

Les *Postépisternums* ou *Episternums du postpectus* sont allongés; pa-allèles ou subparallèles chez la plupart des Clairons, obtriangulaires, hez les Corynètiens.

Le *Ventre* présente six arceaux apparents. Chez les insectes du remier groupe : cinq, chez ceux du second. Le dernier arceau, tou-ours le plus variable, offre le plus souvent des caractères indicatifs les sexes : chez divers mâles, il prend la forme d'étui servant à en-aîner des parties plus internes.

Les *Pattes* sont simples; propres à la marche ou à la course.

Les *Hanches* ont des trochantins peu ou point apparents. Les *anté-ieures* sont insérées dans des fosses coxales ouvertes ou fermées, sui-rant les genres; elles sont allongées, subcylindriques ou obtusément oniques, rapprochées ou presque contiguës, et resserrent ainsi le *pros-ernum.* Les *intermédiaires* subglobuleuses : les *postérieures* transverses.

Les *Trochanters* des cuisses postérieures égalent au plus les deux septièmes de la longueur de la cuisse, et n'en dépassent pas souvent le sixième.

Les *Cuisses* sont ordinairement simples; parfois les postérieures sont plus ou moins renflées chez certains ♂. La longueur de celles-ci comparée à celle des tibias peut offrir des caractères plus ou moins importants.

Les *Tibias* sont habituellement simples; parfois les postérieurs sont incourbés à l'extrémité, comme on le voit chez une espèce d'Opile; ils se montrent exceptionnellement renflés chez les ♂ de certains Clairons. Leur longueur comparée à celle des tarses concourt à faire connaître les différences que ces insectes peuvent offrir dans leur mode de progression.

Les *Eperons* des quatre tibias antérieurs sont courts et grèles, parfois peu distincts : ceux des tibias postérieurs affectent généralement les mêmes dispositions chez les ♀ ; mais chez les ♂, l'interne est souvent courbé; d'autrefois il acquiert, chez le même sexe, une grosseur et un allongement insolite, comme certains Clairons en offrent l'exemple, et il fait oublier l'experon externe qui s'est anihilé.

Les *Tarses* offrent, dans cette tribu, des variations plus nombreuses que dans beaucoup d'autres. Ils sont ordinairement déprimés, au moins aux pieds antérieurs, et les quatre premiers articles, ou du moins une partie de ceux-ci, sont pourvus en dessous d'appendices membraneux ou de sortes de lamelles. Mais le nombre de leurs articles est loin de sembler uniforme. Chez les Tilliens, le chiffre de ces pièces est distinctement de cinq : chez les Clériens, on peut, avec un peu d'attention, en reconnaître cinq, mais dont la première est voilée en dessus par la seconde Les Corynètiens semblent en avoir seulement quatre, par suite du rapetissement ou de l'état rudimentaire de la 4ᵉ, cachée dans une échancrure de la précédente. Ces pièces varient dans leur longueur relative : l'avant-dernière apparente, est plus ou moins distinctement échancrée ou bilobée. Les *ongles*, toujours au nombre de deux, sont parfois simples; d'autres fois, munis d'une dent basilaire, ou même pourvus de deux dents à leur côté interne, comme on le voit chez les Tilliens.

VIE ÉVOLUTIVE.

Swammerdam, nous à fait, le premier, connaître la larve d'une insecte de cette tribu (1). Après lui, Réaumur (2), Schæffer (3) et diver

(1) *Biblia Naturæ*, t. I, 1737, p. 236.
(2) *Mémoires pour servir à l'Hist. des Ins.*, t. VI, XVII, p. 81.
(3) *Abhandlungen von Insecten*, t. II, 1764, p. 22.

ıteurs plus modernes nous ont donné des détails sur les premiers états ; ces Coléoptéres.

Les larves de nos ANGUSTICOLLES présentent des caractères connus, inqués par Erichson (*Archiv. für de Naturg*, 1841, t. I, p. 96.), mais ;ctifiés sur plusieurs points par l'un de nos Réaumur modernes les ıus habiles et les plus consciencieux, M. Perris (1). Ces caractères ınt les suivants :

Corps allongé ; tomenteux ; un peu ventru ou renflé dans le milieu e l'abdomen ; offrant, après la tête, douze segments.

Tête cornée ; ordinairement dirigée en avant ; très-faiblement convexe n dessus ; planiuscules en dessous.

Epistome confondu avec le front.

Labre transverse, ou arqué en devant.

Mandibules cornées, fortes, arquées, dentées.

Mâchoires soudées avec le menton ; à un lobe charnu.

Palpes maxillaires de trois articles : les *labiaux*, de deux.

Yeux représentés par des ocelles petits, arrondis, situés sur les cô.és de la tête, ordinairement au nombre de cinq, disposés sur deux :angées rapprochées : trois sur l'antérieure : deux sur la seconde (2).

Antennes courtes ; composées de quatre articles (3) : les deux premiers, en partie rétractiles : le 3e subcylindrique : le 4e grêle.

Thorax composé de trois segments, portant chacun en dessous une paire de pieds : le prothoracique, généralement muni en dessus d'une pla-

---

(1) M. Perris, dans ses admirables travaux sur le pin maritime, a, plus qu'un autre, contribué à faire connaître le genre de vie et les premiers états de nos *Angusticolles*.

(2) M. Lefebvre (*Ann. de la Soc. Entom. de France*, tom. IV, 1835, p. 578), ne donne qu'un œil, de chaque côté, à son *Clerus Buqueti* (*Thaneroclerus Buquetii*, SPINOLA, t I, p. 207, 1) ; mais M. Westwood qui a vu cette larve, assure qu'elle a plusieurs petits ocelles sur les côtés de la tête. M. Lefebvre, suivant l'auteur anglais, aurait pris pour un œil l'article basilaire des antennes.

(3) M. Ratzeburg (*Forstinsect.* t. I, p. 35), ne donne que trois articles aux antennes du *Thanasimus formicarius* ; Erichson (*Arch. für die Naturg.*, 1841, t. I, p. 97), n'en donne que deux, aux CLÉRIDES, en général : toutes les larves de ces insectes que nous avons observées, en ont bien réellement quatre, comme l'a remarqué M. Perris.

que cornée : le 2e, parfois pourvu de deux plaques de même nature : le 3e, offrant quelquefois aussi la même particularité.

Abdomen composé de neuf segments : les huit premiers, charnus ou peu coriaces : le 11e garni en dessus d'une plaque cornée ; armé chez le plus grand nombre de deux crochets ou sortes de cornicules, offrant en dessous une saillie pseudopode, c'est-à-dire faisant l'office de pied et servant à la progression.

Pieds peu allongés, grèles, subcylindriques ou graduellement rétrécis; composés d'une hanche, d'une cuisse, d'un tibia et d'un tarse terminé par un ongle.

Stigmates au nombre de neuf paires : la première, placée sur la face inférieure de l'anneau mésothoracique, près du bord antérieur de l'arceau : les huit autres paires, sur la partie supérieure des flancs des huit premiers segments de l'addomen.

Sous le domino servant à voiler leur forme dernière, toutes les larves connues de nos Angusticolles sont carnassières. La nature les a principalement destinées à décimer, dans leurs premiers états, d'autres insectes dont la trop grande multiplication nuirait à l'ordre établi par le Souverain Ordonnateur de l'univers.

Mais toutes ne font pas la guerre à des articulés ayant des habitudes semblables. Les unes, comme celles des Denops, des Thanasimes, des Opiles et de quelques autres genres, chargées d'une mission favorable à nos intérêts, poursuivent, dans leurs retraites ténébreuses, ces vers de Ptines et d'Anobies, qui criblent de trous les charpentes de nos habitations et jusques aux meubles de nos appartements; pourchassent, dans leurs galeries sinueuses, les larves de ces Xylophages, dont les races maudites causent souvent à nos arbres des dommages considérables ; osent même attaquer, sous les écorces chargées de les cacher, celles de divers Longicornes ou Buprestides.

Toujours avides d'une proie vivante, quand elles ont dévoré l'habitant de l'une de ces retraites, elles déchirent, de leurs mandibules robustes, la cloison servant à séparer cette gaîne d'une galerie voisine, pour trouver un nouveau moyen de se satisfaire. Un instinct providendentiel semble les guider dans la recherche de la proie qu'elles convoitent ; mais si leur espérance est trompée, elles se contentent d'aliments plus maigres, et demandent aux matières excrémentielles iissées par leurs victimes. les moyens de soutenir leur existence.

D'autres insectes de cette tribu ont aussi, dans leur état vermiforme, ne utilité particulière. Ils sont chargés de détruire les matières grais- ɔuses attachées aux peaux desséchées ou aux restes dégoûtants du corps es animaux supérieurs. Ministres d'une Providence toujours attentive ux besoins de l'homme, ils accomplissent dans leur condition obscure, ; rôle de paria auquel ils semblent réduits. Peut-être dans l'occasion, ıontrent-ils aussi les habitudes insecticides de leurs congénères, et ne ɜ font-ils pas scrupule d'attaquer les autres larves nécrophages, qui iennent, comme eux, vivre des débris de la mort.

Quelques autres ANGUSTICOLLES, dans leur jeune âge, nuisent à la ıultiplication de certains Hyménoptères millifères, dans ces nids, 'un mortier si solide que les abeilles maçonnes appliquent contre ɜs montants ou les corniches en pierre de taille de nos portes ou de .os fenêtres, la larve des uns dévore, dans la cellule, où elle comptait ouler ses jours en paix, celle de la Mégachile, née comme elle dans le nême berceau.

Ce nouveau Minotaure ne se contente pas d'une seule victime. Il dé- ruit les parois servant à séparer les retraites de ces apiaires, pénètre uccessivement dans diverses cellules, et se repaît de son habitant.)uelquefois ces larves apicides vivent aux dépens de la postérité de nos beilles domestiques. Elles passent d'une alvéole à l'autre, en portant)artout le ravage et la mort, et ne mettent un terme à leurs méfaits ţu'au moment où elle vont passer à l'état de nymphe.

Avant de revêtir la forme d'une momie, les insectes de cette tribu)rennent toutes les précautions possibles pour n'être pas troublés du- 'ant les jours de sommeil auxquels ils vont être condamnés. Ceux qui)oursuivaient dans les branches ou les troncs des arbres les vers li- ʒnivores, se creusent quelquefois sous les écorces un sépulcre com- node pour s'y retirer avec plus de sécurité. D'autres se pratiquent lans la vermoulure une retraite convenable. Les espèces apivores :rouvent dans les cellules des abeilles une couchette toute préparée, ou se construisent sous les alvéoles un tombeau propre à les cacher. Toutes tapissent le lieu dans lequel elles se retirent, d'une matière gommeuse, réduite souvent à une très-mince pellicule, mais suffisante pour former une sorte de coque, dans laquelle le corps délicat de la nymphe future reposera plus mollement, et trouvera un abri plus assuré, durant les jours de mort apparente prédécesseurs de celui de sa résurrection (1).

GENRE DE VIE DES INSECTES PARFAITS.

Une fois arrivés au jour, nos Angusticolles ont des destinées diverses. La plupart de ceux qui cachent leur jeune âge dans les dédales obscurs creusés dans les arbres de nos forêts par des larves rongeuses, se montrent encore les fidèles protecteurs de ces végétaux, comme ces dryades tutélaires crées par l'imagination des poètes, ou inventées pour la conservation des bois par le sage esprit des législateurs. On les voit sur les branches et les troncs de nos pins ou sur d'autres arbres d'essences diverses, arpenter les écorces en tous sens, et mémoratifs de leur premiers penchants, déchirer d'une dent avide les petits insectes que leur mauvaise fortune fait trouver sur leur route.

Leur agilité s'accroît sous les feux d'un soleil ardent, et quelques-uns, comme les Tarsostènes, déploient tant de vivacité et de prestesse dans leurs mouvements, qu'ils savent se soustraire sans peine, par un vol précipité, aux doigts paresseux ou peu exercés qui cherchent à s'en emparer. Ceux, d'une taille moins faible, que leurs allures moins promptes laissent tomber en notre pouvoir, cherchent par d'autres procédés des moyens de salut. Les uns, simulent l'état du mort; les autres essayent, à l'aide de leurs tenailles robustes, de pincer la main qui les a saisi pour échappér à la captivité et à la perte de la vie; et souvent ils nous mordent avec une tenacité telle, qu'ils préfèrent se laisser décoller plutôt que de lâcher prise.

---

(1) Dans leur état normal d'existence, la vie évolutive de ces insectes, à moins de circonstances exceptionnelles sans doute très-rares, ne se prolonge pas au delà du cercle de l'année, ou plutôt n'atteint pas cette limite; mais dans nos laboratoires, les choses ne se passent pas toujours aussi régulièrement, et parfois ils mettent plusieurs années avant de revêtir leur forme parfaite. Mais dans nos éducations particulières, ne voit-on pas quelquefois des Lépidoptères rester trois ou quatre ans à l'état de chrysalide avant d'éclore, et des larves Longicornes séjourner jusqu'à plus de quinze ans, dans des buches enfermées dans nos maisons, ou dans les bois de nos meubles, avant de subir leur dernière transfiguration?

Parmi ceux qui se nourrissaient de matières graisseuses ou des larves si fréquentes dans le domaine des équarrisseurs, quelques-uns continuent à fréquenter ces ossuaires ou ces charniers. Dans le pays des anciens Sésostris, on en rencontre parfois sous les bandelettes des momies, avec ces divinités populaires, ces ibis, et ces scarabées, dont les services étaient pour ces peuples la manifestation vivante de la providence de Dieu. Mais toutes ces Nécrobies ne sont pas exclusivement attachées aux lieux dans lesquels elles remplissaient d'abord une mission bienfaisante; plusieurs vont trouver, dans la corolle des végétaux, une vie moins obscure et une nourriture plus recherchée.

Les Clairons naguère si funestes à la postérité de diverses sortes d'abeilles, semblent avoir oublié leur instincts, apicides, pour courtiser, dans nos prés, les ombelles aux blanches fleurs, et leur dérober les sucs emmiellés dont se remplissent leurs nectaires. La nuit les voit le plus souvent, ennivrés de cette ambroisie, endormis au sein de ces pétales, où leur goût puisait mille jouissances. Si durant le jour on les surprend au milieu de leurs plaisirs, si nos doigts les troublent dans leurs sensuelles voluptés, ils replient leur tête et leurs pattes pour échapper, par une résignation apparente, au sort dont ils peuvent être menacés.

La nature leur a donné une parure dont les joyeuses couleurs semblent en harmonie avec leurs goûts recherchés, durant leurs jours les plus glorieux. La plupart ont pour couleur foncière le bleu, le vert ou le violet, dont les teintes métalliques constituent sur leurs étuis rouges ou orangés, des points, des taches, ou des sortes de bandes, dont les contours capricieux varient suivant les espèces, et se modifient souvent, en usurpant des espaces plus considérables, jusqu'à dénaturer le dessin primitif de la robe.

En général, les insectes de cette tribu, sans étaler la richesse ou l'éclat somptueux des Buprestes, se font remarquer par la beauté, la diversité des nuances ou des dessins de leur vêtement.

Les Opiles, les moins favorisés sous ce rapport, se confondent par leur couleur de bois, avec les poutres de nos habitations, sur lesquels souvent on les rencontre. Mais les Thanasimes, les Tarsostènes, les Dénops et les Tilles, présentent sur leur cuirasse les gracieux effets produits par une disposition harmonieuse du noir, du rouge et du blanc.

Là, c'est un corsage de corail destiné à faire ressortir des élytres de jais ici, sur des étuis d'un fond obscur, se montrent des taches ou des goutte de lait, ou des bandes d'une blancheur crayeuse, soit inhérentes à la substance de leurs vêtements, soit formées par un duvet serré comm un feutre ; chez d'autres, des espaces teintés de cinabre ou de minium viennent prêter à leur manteau des agréments particuliers.

Les Corynètes et les Nécrobies, malgré les lieux abjects dans lesquel ils étaient condamnés à vivre, et le rôle dégoûtant mais utile qu'ils remplissaient, ont reçu, la plupart, pour leurs dernières scènes à joue dans la vie, un costume riche des teintes les plus belles du bleu métal lique, variées quelquefois par un corsage ou des pieds hématoïdes. Un seule espèce d'Europe, mais étrangère à nos contrées, a été réservée porter les couleurs lugubres consacrées au deuil, ou adoptées pour le insignes de la mort.

Les Angusticolles compris dans notre faune, y sont en général moin localisés que la plupart des Coléoptères des diverses autres tribus. Ceu qui se nourrissent aux dépens des larves nuisibles à nos bois, s'y trouver à peu près sous toutes les zones. Aucun ne recherche d'une maniè spéciale les parties élevées des chaînes alpines, dont les sommets sor couronnés de glaciers. Mais parmi les espèces apivores, plusieurs n s'éloignent jamais de ces heureuses provinces, où l'olivier voit mûri ses fruits, où la lavande émaille les côteaux, où divers autres labié embaument l'air de leurs aromatiques odeurs.

Quant aux Corynètes ou aux Nécrobies, dont la destinée, dans le jeune âge, est de détruire le reste des animaux supérieurs, ou de déc mer les vers s'engraissant de ces débris, plusieurs paraissent avoir é importés avec des peaux étrangères et s'être naturalisés sans pein dans notre pays.

Nos Angusticolles sont principalement amis des beaux jours; ce pendant quelques individus attardés se montrant encore jusque ve l'époque où l'automne ramène le temps des vendanges.

Mais comme la plupart des autres insectes, ils jouissent assez peu temps des avantages ou des douceurs réservés à leurs derniers jour Le but terminal de leur existence, celui d'assurer la perpétuité de le espèce, les préoccupe bientôt. Chaque femelle déploie alors une sollic tude et des soins dont on ne peut pas trouver des exemples plus me veilleux parmi les animaux supérieurs.

Celles dont la postérité doit faire la guerre aux Bostriches et autres structeurs de nos bois, se mettent en quête des arbres dans lesquels s nuisibles créatures ont établi leur demeure, et à l'aide de leur oviıcte mobile, introduisent dans l'ouverture de leurs galeries, des œufs où sortiront bientôt de petits ogres, vivant de la chair fraîche de ces alencontreux bûcherons.

Celles dont les descendants doivent être apivores, s'introduisent ans les nids des abeilles maçonnes ou dans nos ruches, comme Dioıède dans les murs de l'antique Ilion, et y déposent des germes, dont s produits porteront bientôt dans les alvéoles le carnage et la désolaon.

Quand leur tâche est ainsi remplie, nos Angusticolles ne tardent pas subir la loi commune, c'est-à-dire à payer à la mort le tribut auquel e peut se soustraire aucun être vivant. Mais avant de rentrer dans le ıéant, ministres d'une providence qui veille sans cesse aux besoins de 'homme, ils ont contribué à la loi d'harmonie faite pour maintenir ous les animaux dans de justes limites, et pour conserver sur la terre et équilibre admirable, qui seul suffirait pour nous révéler la sagesse et a bonté du Dieu créateur, qui préside aux destinées de l'univers.

HISTORIQUE DE LA SCIENCE.

Essayons maintenant d'exquisser les changements par lesquels a passé la classification de ces insectes.

1758. Linné dans sa 10e édition de son *Systema Naturæ*, renferma principalement dans son genre *Attelabus* le petit nombre, connu de lui, des Coléoptères de cette tribu ; il en égara une espèce parmi ses *Dermestes*, et une autre parmi ses *Chrysomela*.

1761. Poda, dans ses *Insecta musaei graecensis*, suivit la même marche.

1762. Geoffroy, dans son *Histoire abrégée des insectes*, transporta aux *Hister* de Linné le nom d'*Attelabus;* donna celui de *Rhinomacer* aux premières espèces du genre *Attelabus* de Linné ; et comprit les autres, c'est-à-dire celles qui nous occupent, sous la dénomination générique de *Clerus*.

1763. Scopoli, dans son *Entomologia carniolica* adopta les idées linnéennes.

1767. Linné dans la 12e édition de son *Systema Naturae*, n'apporta aucune modification à son travail précité.

1775. De Geer, dans le tome V de ses *Mémoires pour servir à l'Histoire des insectes*, marcha sur les traces de Geoffroy, et rangea tous nos Angusticolles connus de lui, dans le genre *Clerus*.

1775. *Fabricius*, dans son *Systema entomologiae*, fit entrer la plupart de nos *Angusticolles* dans le genre *Clerus*, adopté de Geoffroy; en laissa quelques autres parmi les *Dermestes*, à l'exemple de Linné; fit d'une autre espèce une *Lagria*, et créa le genre *Notoxus* aux dépens de quelques *Attelabus* du Pline du nord.

1781. Il ne fit point subir de modification à ce premier travail, relativement aux insectes de cette tribu, ni dans son *Species insectorum* (1781), ni dans sa *Mantissa insectorum* (1787).

Avant ou un peu après l'apparition de ces deux ouvrages, avaient été produites diverses publications, dont les auteurs s'étaient bornés ou à peu près, à suivre les traces de leurs prédécesseurs.

Sulzer, dans son *Abgekurzete Gschichte der Insecten* (*Histoire abrégée des insectes*) (1776); Laicharting dans son *Verzeichniss und Beschreibung der tyroler Insecten (Catalogue et description des insectes du Tyrol* (1781), rangèrent parmi les *Attelabus* de Linné, le petit nombre de nos ANGUSTICOLLES dont ils donnaient la description; et Müller, dans son *Zoologiae danicae prodromus* (1776) les dispersa parmi les *Attelabus*, *Dermestes et Crioceris*.

1790. Rossi dans sa *Fauna etrusca* dissémina à l'exemple de Fabricius, nos ANGUSTICOLLES dans les genres *Clerus*, *Dermestes* et *Notoxus;* décrivit dans cette dernière coupe, une espèce nouvelle, et plaça dans la précédente un insecte, qu'il soupçonna bientôt y avoir été renfermé à tort.

1790. La même année, Olivier, mieux inspiré créa, dans le tome II de son *Entomologie*, le genre *Tillus* pour y placer celui de nos ANGUSTICOLLES dont Linné avait fait une *Chrysomela*, et Fabrius une *Lagria*, et il y adjoignit l'espèce que Rossi regrettait avoir colloqué avec les *Dermestes*, et qui devait plus tard devenir le type du genre *Enoplium*.

Nos autres ANGUSTICOLLES, paraissant n'avoir que quatre articles à tous les tarses, se virent rejetés dans le IVe volume de son ouvrage; ils y constituent le genre *Clerus*, et celui de *Necrobia*, indiqué par Latreille, ormé aux dépens des insectes de cette tribu, que Linné et Fabricius avaient laissé avec les *Dermestes*, et Thunberg, avec les *Anobium*.

La méthode tarsienne mise en lumière par Geoffroy, et rejetée aujourd'hui par la plupart des naturalistes, a rendu, on ne peut le nier, de grands services à la science. Elle a permis souvent de replacer, dans leur famille naturelle, des insectes qui en étaient très-éloignés.

1791. Olivier, qui sous ce rapport, adoptait la manière de voir du médecin de Paris, commença le premier à sentir les rapports nombreux qui existaient envers nos divers *Angusticolles*, et dans le tome VI de l'*Encyclopédie méthodique*, il les réunit sous le nom générique de *Clerus*, à l'exception de ceux dont il avait fait des *Tillus*.

1792. Herbst, dans le tome IV de son *Natursystem aller bekannten Insekten (Système de la nature de tous les insectes connus)* créa le genre *Korynetes* à l'aide des insectes dont Latreille et Olivier (1790) avaient fait celui de *Necrobia;* il appliqua à tort le nom de *Trichodes* à ceux que Geoffroy, à l'exemple d'Aristote avait plus particulièrement désigné sous le nom de *Clerus;* il laissa dans le tome VII du même ouvrage (1797), sous ce dernier nom générique, tous nos autres *Angusticolles*.

1792. Fabricius, dans son *Entomologia systematica* adopta le genre *Tillus* d'Olivier; mais n'apporta aucune autre modification à ses dispositions systématiques précédentes.

1793. Panzer, dans sa *Fauna Germanica* (1793 et suivantes) et dans son *Entomologia Germanica* (1794) suivit les pas de ce maître.

1797. Peu d'années après parut le premier ouvrage d'un entomologiste, dont le génie devait surtout se révéler au commencement du siècle suivant. Latreille, dans son *Précis des caractères génériques des insectes, disposés dans un ordre naturel*, essayait de faire pour l'Entomologie ce que Ant. Laurent de Jussieu avait tenté avec tant de bonheur pour la botanique. Sa seixième famille des Coléoptères, eut pour caractères :

Antennes terminées presque insensiblement en une massue allongée, dont le dernier article grand, obtus; quelquefois en scie. *Antennules* en massue sécuriforme, presque égales en longueur, lèvre inférieure allongée. *Tarses* à quatre articles : le pénultième bifide.

Les ouvrages entomologiques éclos dans les dernières années du

XVIIIe siècle, n'apportèrent aucun changement notable à la classification de nos insectes. Bornons nous donc à citer parmi les plus remarquables : Illiger, *Verzeichniss der Kaefer Preussens (Catalogue des insectes de la Prusse)* (1798) et Paykull, *Fauna suecica* (1798).

1800. Duméril, à la fin du premier volume des *Leçons d'anatomie comparée*, par Georges Cuvier, donna, en suivant la méthode tarsienne, un *Tableau de la classification des insectes* dans lequel ces petits animaux étaient distribués en familles, ayant des dénominations particulières. Nos ANGUSTICOLLES firent partie de celle des TÉRÉTIFORMES, ayant :

Les Antennes en massue et le corps souvent cylindrique.

1881. Lamarck, dans son *Système des animaux sans vertèbres*, réunit aussi tous les insectes dans le genre *Clerus*, ayant pour caractère :

Antennes droites, en massue perfoliée, quatre *antennules :* les postérieures, grandes et sécuriformes. Yeux en croissant. *Tête* inclinée. *Corselet* rétréci postérieurement. *Tarses* de cinq articles.

1801. Fabricius éclairé par les travaux précédents, sentit mieux qu'il ne l'avait fait jusqu'alors, les liaisons existantes entre nos divers Angusticolles, et il les rapprochait tous, dans les genres *Clerus*, *Tillus*, *Trichodes*, *Corynetes* et *Notoxus*. Il retranchait ainsi des *Dermestes* les espèces dont Latreille et Olivier avaient fait des *Necrobia*, et Herbst des *Korynetes*, et il restreignit à quelques-uns de nos ANGUSTICOLLES son genre *Notoxus* pour rejeter les autres espèces avec les *Anthicus*, avec lesquelles elles se trouvèrent plus naturellement placées; mais à l'exemple de Herbst, il continuait à transformer les *Clairons* de Geoffroy en *Trichodes*.

1804. Latreille, dans son *Histoire naturelle des crustacés et des insectes*, à la vue de ces changements, s'écriait avec raison, malgré l'amitié dont nous honore l'illustre entomologiste de Kiel, nous repousserons ces innovations nominales. Latreille admit le système tarsal avec les autres entomologistes français. Il s'était aperçu, comme l'avait remarqué Lamark, que tous les Clairons avaient cinq articles aux tarses, dont le premier est parfois peu distinct; et par cette raison, il réunit tous nos ANGUSTICOLLES dans sa famille des *Clairones*, la cinquième des Coléoptères, ayant pour caractères principaux :

Antennes terminées par un ou quelques articles sensiblement plus grands. *Corselet* rétréci postérieurement et souvent cylindrique.

L'illustre auteur, dans cet ouvrage, l'un des plus beaux monuments de son génie, séparait avec raison, des autres coupes génériques, pour constituer celle des *Enoplium*, des espèces laissées avec les *Tillus* par Fabricius; et il donna le nom générique d'*Opilo* aux *Notoxus* du professeur de Kiel. Les autres insectes de cette tribu furent répartis dans les genres *Tillus*, *Clerus* et *Necrobia*, coupe indiquée primitivement par lui, et admise par Olivier qui la fit connaître avant d'avoir été reproduite par Herbst, sous le nom de *Korynetes*.

1806. Dans le premier volume de son *Genera crustaceorum et insectorum*, l'entomologiste de Brives continua à comprendre tous nos Angusticolles, dans sa famille des Clairones (*Clerii*), devenue la sixième de la première division des Coléoptères; mais il sépara, sous le nom de *Thanasimus*, les insectes nommés à tort *Clerus* par Herbst et par Fabricius, réservant avec raison cette dernière dénomination générique aux Coléoptères plus spécialement connus en France, depuis Geoffroy, sous le nom de *Clairons*.

1806. Duméril, dans sa *Zoologie analytique*, continua, à l'exemple d'Olivier, à séparer de nos Angusticolles ayant cinq articles apparents à tous les tarses, ceux qui semblent en avoir seulement quatre. D'après ces idées, les *Tillus* firent partie des *Coléoptères pentamérés*, dans la famille des *Lime-bois* ou *Térédiles*,

A *élytres* dures, couvrant tout le ventre; à *Antennes* filiformes, à corps arrondi, allongé, convexe.

et les autres, ou les *Clerus* et *Corynetes*, rangés parmi les *Tétramérés*, et entrèrent dans la famille des Cylindriformes ou Cylindroïdes.

A *antennes* en massue, non portées sur un bec; à *corps* cylindrique.

1808. Gyllenhal, dans le tome Ier de ses *Insecta suecica*, adopta la famille des *Clerii* de Latreille. Elle forma la dixième de ses Coléoptères, et se trouva réduite, pour la faune de son pays, aux genres *Clerus*, *Notoxus* et *Tillus* du système de Fabricius.

1809. Latreille, dans ses *Considérations générales sur l'ordre naturel des animaux*, n'établit aucune coupe générique nouvelle dans sa famille des *Clairones;* mais il la divisa en deux sections, pour en rendre l'étude plus facile :

I. Premier article des tarses très-apparent, différant peu de longueur du précédent (*Enoptium*, *Tillus*, *Thanasimus*).

II. Premier article des tarses très-court, caché en dessous par la base du second (*Opilo*, *Clerus*, *Necrobia*).

1812. De Lamarck, dans son *Extrait du cours de zoologie sur les animaux invertébrés*, rangea nos Angusticolles, parmi ses *Pentamères clavicornes*, et les fit entrer dans la section des *Zoophages*, dont les larves dévorent les insectes vivants, ils y furent tous réunis sous le nom générique de *Clairon*.

1815. Leach, dans le tome IX de l'*Encyclopédie d'Edimbourg*, fit entrer nos Angusticolles dans la neuvième tribu de ses Coléoptères pentamères*;* ils y formèrent celle des Tillides. Quant aux genres, il prit principalement Latreille pour guide.

1817. De Lamarck, dans le tome IV de l'*Histoire naturelle des animaux sans vertèbres*, modifia les dispositions de son ouvrage précédent. Il partagea les Coléoptères pentamères en trois sections: 1° les *Filicornes*, à antennes filiformes, moniliformes ou sétacées, rarement épaisses vers le bout; 2° les *Clavicornes*; 3° les *Lamellicornes*.

Nos *Angusticolles* appartinrent à la section des *Filicornes* et prirent place parmi les Mélyrides, ayant pour caractères :

Quatres *Palpes*. *Elytres* recouvrant l'abdomen en totalité ou en majeure partie. *Sternum antérieur* ne s'avançant pas sous la tête. *Mandibules* fendues à leur pointe, ou munies d'une dent au dessous. *Corps* mou.

Les Mélyrides comprirent les genres *Lymexyle*, *Mastige* et *Scydmène* à tête séparée du corselet par un étranglement, et ceux de *Malachie*, *Drile*, *Mélyre*, *Clairon* et *Tille*, à tête enfoncée dans le corselet : les trois derniers se distinguent par leur absence de vésicules sur les côtés et par leurs antennes simples ou en scie.

1817. La même année, Latreille, dans le troisième volume du *Règne animal*, par Cuvier, divisait les Coléoptères pentamères en six familles : 1° les *Carnassiers;* 2° les *Brachélytres*; 3° les *Serricornes;* 4° les *Clavicornes* ; 5° les *Palpicornes;* 6° les *Lamellicornes*.

Nos Angusticolles firent partie de celle des *Clavicornes* ayant pour caractères :

Quatre *palpes*. *Etuis* recouvrant le dessus de l'abdomen ou sa plus grande portion. *Antennes* plus grosses vers leur extrémité, souvent même en massue perfoliée ou solide; plus longues que les palpes maxillaires.

Ils furent compris dans la première section comprenant les espèces à antennes grossissant insensiblement ou terminées par une massue d'un à cinq articles.

Ils constituèrent dans cette section le genre *Clairon*, distingué des Clavicornes suivants par

Les palpes maxillaires très-avancés, aussi longs que la tête, ou les labiaux aussi longs ou plus saillants que les précédents, terminés par un article beaucoup plus grand que les inférieurs, en hache ou en cône très-allongé. La tête et le corselet plus étroits que l'abdomen.

Ce genre fut lui-même divisé en plusieurs autres coupes : *Mastige*, *Scydmène*, *Tille*, *Enoplie*, *Clairon* (auquel il réunissait ses *Thanasimes* et ses *Nécrobies*).

1821. Le comte Dejean, dont le *Catalogue des Coléoptères* a beaucoup contribué à répandre le goût de l'Entomologie, rangea nos Angusticolles parmi ses *Térédiles*. Admirateur de Fabricius, dont les écrits lui servaient de point de départ, les Coléoptères dont nous nous occupons furent répartis dans les genres *Tillus*, *Clerus* (*Thanasimus* Latr.), *Notoxus* (*Opilo*, Latr.), *Trichodes* (*Clerus*, Latr.), *Corynetes* (*Necrobia*, Latr.).

1822. Sahlberg, dans ses *Insecta fennica*, suivit les traces de Gyllenhal pour les insectes qui nous occupent.

1825. Latreille, dans ses *Familles naturelles du règne animal*, transporta nos Angusticolles de sa famille des Clavicornes, dans celles des Serricornes.

Ils y constituèrent la septième tribu, celle des Clérides ; ils furent divisés de la manière suivante :

α Antennes jamais en scie et toujours terminées en massue. Tarses, vus en-dessus, n'offrant que quatre articles : le premier étant très-court (*Necrobie*, *Clairon*, *Opilo*.)

αα Antennes soit grossissant insensiblement vers le bout et souvent presque entièrement en scie, soit terminées par sept ou trois articles plus grands et formant une massue dentée. Cinq articles distincts à tous les tarses.

β Antennes grossissant insensiblement (*Tille.*)

ββ Antennes terminées brusquement par sept ou trois articles plus grands que les précédents (*Enopile.*)

1828. La famille des *Clerii*, dans la *Fauna insectorum lapponica* de Zetterstedt, se trouve réduite aux genres *Clerus* et *Corynetes* de Herbst. Il ne changea rien à ce travail, dans ses *Insecta lapponica*, publiés en 1840.

1829. Fischer de Waldheim, dans le premier volume du *Bulletin de la Société des naturalistes de Moscou*, créa le genre *Denops*.

1829. Latreille, dans la seconde édition du *Règne animal*, par Cuvier, partagea ses Coléoptères *Serricornes* en trois sections : *Sternoxes*, ayant le prosternum avancé jusque sous la bouche ; les *Malacodermes*, ayant le prosternum non avancé, et la tête engagée dans le corselet ; les *Lime-bois*, ayant le sternum non avancé et la tête séparée du corselet par un étranglement ou espèce de cou.

Nos Angusticolles y composèrent la quatrième tribu des *Malacodermes*, celle des Clairones, ayant pour caractères :

Deux *Palpes* au moins avancés et terminés en massue.

Mandibules dentées. *Pénultième article des tarses* bilobé : le premier très-court ou peu visible dans plusieurs.

Antennes tantôt presque filiformes et dentées en scie, et tantôt terminées en massue ou grossissant presque insensiblement. *Corps* ordinairement presque cylindrique. *Tête* et corselet plus étroit que l'abdomen. *Yeux* échancrés.

Ils étaient divisés de la manière suivante :

A Tarses, vus sous leurs deux faces, distinctement de cinq articles. *Tillus.*

AA Tarses, vus en dessus, ne paraissant composés que de quatre articles : le premier des cinq ordinaires étant fort court et caché sous le second.

B Antennes grossissant insensiblement.

C Palpes maxillaires filiformes : les labiaux terminés par un grand article en forme de hache. *Thanasimus.*

CC Les quatre palpes terminés par un grand article en forme de hache. *Opilo.*

BB Antennes ayant les trois derniers articles formant une

massue brusque, soit simple en forme de triangle renversé, soit en scie.

D Massue des antennes simples.

E Dernier article des palpes maxillaires en triangle renversé : celui des labiaux en forme de hache. — *Clerus*.

EE Les quatre palpes terminés par un article de même grandeur, en forme de triangle allongé et comprimé. — *Necrobia*.

DD Massue des antennes ayant les deux avant-derniers articles dilatés au côté interne en manière de dents. — *Enoplium*.

1829. Curtis, dans son *Guide to an Arrangement of british Insects*, et dans sa *British Entomology*, suivit Latreille, dans ses divisions génériques. Toutefois, il sépara, des Nécrobies, une espèce à laquelle il conserva le nom de *Corynetes*, donné aux unes et aux autres, par Herbst.

1830. Stephens, dans le troisième volume de ses *Illustrations*, donna, à l'exemple de Leach, le nom de Tillidées à la famille des Clairones de Latreille. Il divisa, comme Curtis, les *Corynetes* de Herbst, en *Necrobia* et *Corynetes*; et le suivit à peu près pour les autres coupes génériques.

1836. M. de Laporte dans la suite de ses *Etudes entomologiques*, insérée dans le tome IV de la *Revue* entomologique publiée par M. Silbermann, divisa sa tribu des Claironides de la manière suivante. Nous restreignons ses tableaux aux espèces de notre pays :

A Tarses offrant distinctement cinq articles ; palpes maxillaires filiformes ou ovalaires. — TILLITES.

AA Tarses n'offrant que quatre articles distincts.

B Antennes grossissant insensiblement. — NOTOXITES.

BB Antennes à trois derniers articles beaucoup plus gros que les autres. — CORYNÉTITES.

Tillites.

Genres.

α Tête en carré long. — *Cylidrus*.

αα Tête ovalaire ou arrondie. — *Tillus*.

Notoxites.

α Dernier article de tous les palpes en forme de hache. — *Notoxus*.

αα Dernier article des palpes maxillaires filiforme. — *Clerus*.

CORNÉTITES.

α Trois derniers articles beaucoup moins longs que tous les autres réunis.

β Palpes maxillaires terminés par un article en triangle renversé; le dernier des labiaux en hache. *Trichodes.*

ββ Tous les palpes à dernier article triangulaire. *Corynetes.*

αα Trois derniers articles des antennes plus longs que tous les les autres réunis. *Enoplium.*

Il ne changeait rien à ce tableau, en 1840, dans le tome I de son *Histoire naturelle des insectes Coléoptères.*

1837. Sturm, dans le onzième volume de sa *Faune d'Allemagne* (*Deutschlands Fauna*) suivit les traces de Herbst et de Fabricius, et admit, avec eux, les genres *Tillus, Notoxus, Trichodes, Clerus Corynetes.* auxquels il ajoutait celui d'*Enoplium* de Latreille.

1837. La même année, M. Brullé, dans son *Histoire naturelle des Insectes*, publiée avec Audouin, divisait de la manière suivante, sa famille des CLÉRIENS, la troisième de celle des *Serricornes.*

α Palpes filiformes (antennes comprimées). *Cylidrus.*

αα Palpes à dernier article élargi.

6 Dernier article élargi aux palpes labiaux seulement.

δ Antennes filiformes ou en scie. *Tillus.*

δ Antennes terminées en massue.

η Cette massue serrée. *Clerus.*

ηη Cette massue lache. *Necrobia.*

66 Dernier article élargi aux palpes labiaux et aux maxillaires.

ε Extrémité des antennes peu dentée. *Opilo.*

εε Extrémité des antennes fortement dentée. *Enoplium.*

1839. M. Westwood, dans son *Introduction to the modern Classification of Insects*, fit entrer nos Angusticolles dans ses *Priocerata*, correspondant aux *Serricornes* de Latreille. Ils en constituèrent la sixième famille, celle des CLÉRIDES, distincte de celle des *Melyrides*, par des téguments plus solides, par un corps long et cylindrique, avec la tête et le prothorax plus étroits que les élytres.

1839. La même année, Stephens, dans son *Manual of british Coleoptera*, ressuscitait le genre *Tilloidea*, de M. de Laporte, fondé sur de faux caractères, et suivait la marche de son premier travail.

1841. Erichson dans ses *Archiv für Naturgeschichte* formant la continuation de Wiegmann, chercha, dans un savant mémoire, à faire connaître le parti que la science pourrait retirer des caractères fournis par les larves des insectes, pour la disposition systématique de ces petits animaux. Les Clérides lui parurent former une famille très-naturelle après celle des Mélyrides.

1841. Le marquis de Spinola donna dans la *Revue zoologique*, publiée par M. Guérin-Méneville, une division de la famille des Claironés de Latreille, dont il préparait la monographie.

Voici un extrait de cette classification, en ce qui regarde les insectes de France.

A Tarses postérieurs de cinq articles, visibles dans tous les sens. — TILLOÏDES.

AA Tarses postérieurs n'ayant que quatre articles visibles. — NOTOXOÏDES.

Clairones tilloïdes.

α Tête en carré long. — *Denops*.

αα Tête arrondie ou ovalaire. — *Tillus*.

Clairones notoxoïdes.

α Antennes filiformes ou moniliformes grossissant insensiblement vers leur extrémité.

β Dernier article des palpes maxillaires n'étant pas de même forme que les labiaux. — *Thanasimus*.

ββ Dernier article des palpes maxillaires étant de la même forme que le dernier des labiaux. — *Notoxus*.

αα Antennes terminées par une massue de trois articles, aplatis et dilatés.

γ Massue antennaire plus courte que les 2-8e articles pris ensemble.

η Dernier article des palpes labiaux très-dilaté et sécuriforme. — *Clerus*.

ηη Dernier article des palpes labiaux en triangle renversé presque équilatéral.

ε Dernier article des palpes maxillaires mince et cylindrique. — *Trichodes*.

εε Dernier article des palpes maxillaires en triangle renversé. — *Corynetes*.

δδδ Dernier article des palpes labiaux mince et subcylindrique comme le dernier des maxillaires. — *Necrobia*.

γγ Massue antennaire visiblement plus longue que les 2-8e articles pris ensemble. *Enoplium.*

1842. L'année suivante, le docteur Klug publia dans les *Mémoires de l'Académie des sciences de Berlin* un *Essai sur la détermination et la disposition systématique des genres et des espèces de* Clériens.

Cette monographie, dans laquelle l'auteur ne donnait point de tableau méthodique des coupes génériques, se composait, pour la faune européenne, des genres *Cylidrus, Tillus, Clerus, Opilus, Trichodes, Corynetes, Enoplium.*

1844. M. Spinola, dans son *Essai monographique sur les Clérites*, apporta divers changements à la classification de ces insectes, précédemment donnée par lui. En voici le résumé :

A Prothorax formé de deux pièces seulement, une supérieure ou tergum, l'autre inférieure ou prosternum. CL. CLÉROÏDES.

AA Prothorax composé de quatre pièces distinctes, dont une supérieure ou tergum et trois inférieures, savoir : deux épisternums et un prosternum médian. CL. CORYNÉTOÏDES.

CL. CLÉROÏDES.

α Tarses ayant toujours cinq articles également visibles sous tous les aspects.

β Tête en rectangle longitudinal ; vertex presque aussi grand que le front. *Denops.*

ββ Tête arrondie ou ovalaire ; vertex beaucoup plus petit que le front. *Tillus.*

αα Tarses postérieurs n'ayant jamais plus de quatre articles visibles en-dessus.

β Antennes filiformes ou moniliformes, grossissant insensiblement vers l'extrémité.

× Dernier article des palpes maxillaires n'étant pas de même forme que le dernier des labiaux. *Thanasimus.*

×× Dernier article des palpes maxillaires de la même forme que le dernier des labiaux. *Notoxus.*

ββ Antennes terminées par une massue aplatie de trois ou quatre articles.

δ Dernier article des palpes labiaux très-dilaté, sécuriforme. *Clerus.*

δδ Dernier article des palpes labiaux moins dilaté, en triangle renversé et non sécuriforme.

ε Massue antennaire évidemment plus courte que les articles 2-8ᵉ réunis.

ς Tarses minces : articles intermédiaires tronqués et non bifides. Appendices membraneux très-petits. *Tarsostenus.*

ςς Tarses épais : articles intermédiaires dilatés et bifides. Appendices membraneux très-apparents. *Trichodes.*

εε Massue antennaire aussi longue ou plus longue que les articles 2-8ᵉ réunis. *Enoplium.*

CL. CORYNÉTOÏDES.

γ Massue antennaire serriforme ou pectiniforme. *Orthopleura.*

γγ Massue antennaire perfoliée.

θ Dernier article de quatre palpes aplati, subtriangulaire et tronqué. *Corynetes.*

θθ Dernier article des quatre palpes subcylindrique et tronqué. *Necrobia.*

θθθ Dernier article des quatre palpes conique et terminé en alène. *Opetiopalpus.*

1845. M. Blanchard, dans son *Histoire des insectes*, avait donné à sa ribu des CLÉRIENS, la seizième des Coléoptères, les caractères suivants : *Antennes* pectinées ou renflées vers l'extrémité. Tous les *tarses* de inq articles. *Tête* et *corselet* plus étroits que l'abdomen. *Elytres* de onsistance médiocrement solide.

Il la divisa en quatre familles : 1º MÉLYRIDES; 2º CLÉRIDES ; 2º LYMEXYLONIDES ; 4º PTINIDES.

Les Clérides furent partagés en deux groupes :

α Tarses de cinq articles. TILLITES.

αα Tarses seulement de quatre articles distincts. TRICHODITES.

TILLITES.

α Antennes en dents de scie, à partir du 5ᵉ article, mandibules longues. *Cylidrus.*

αα Antennes en dents de scie à partir du 4ᵉ article, mandibules courtes. *Tillus.*

ααα Antennes filiformes avec leurs trois derniers articles très-élargis. *Clerus.*

TRICHODITES.

1. Antennes en dents de scie. Palpes maxillaires à dernier article sécuriforme. *Opilo.*
2. Antennes grêles, avec les trois derniers articles larges, formant une massue. *Trichodes.*
3. Antennes ayant leurs huit premiers articles très-petits : les trois derniers plus grands que tous les précédents réunis. *Enoplium.*
4. Antennes ayant leurs derniers articles élargis et écartés, formant une massue. Palpes labiaux cylindriques. *Necrobia.*

1845. M. Louis Redtenbacher, dans la méthode analytique consacrée aux genres de la Faune des Coléoptères de l'Allemagne (*Die Gattungen der deutschen Kaefer-Fauna nach der analytischen Methode gearbeitet*), donna à la famille des Clérides, la trentre-unième des Coléoptères, les caractères suivants :

Antennes grossissant graduellement, ou terminées par trois articles plus grands. *Tarses* de cinq ou quatre articles : l'avant-dernier bilobé : le premier court et ordinairement en partie caché. *Tête* aussi large que le prothorax. *Prothorax* arrondi sur les côtés. *Elytres* semi-cylindriques. *Corps* hérissé de poils.

Les Clérides furent divisés comme suit :

α Palpes labiaux terminés par un article sécuriforme.
  β Palpes maxillaires terminés par un article sécuriforme. *Opilo.*
  ββ Palpes maxillaires filiformes.
    γ Ongles profondément divisés. *Tillus.*
    γγ Ongles munis au plus d'une dent basilaire.
      δ Dernier article des antennes quadrangulaire, tronqué en ligne droite. *Trichodes.*
      δδ Dernier article des antennes ovoïde, terminé en pointe. *Clerus.*
αα Palpes labiaux et palpes maxillaires filiformes ou terminés par un article faiblement sécuriforme.
  ε Deux avant-derniers articles des antennes dentés en scie au côté interne, brièvement triangulaires, beaucoup plus larges que longs. *Enoplium.*
  εε Derniers articles des antennes non dentés en scie, également élargis des deux côtés.
    ς Trois derniers articles des antennes d'égale longueur et presque de même largeur. Dernier article des palpes labiaux tronqué et plus large à son extrémité. *Necrobia.*
    ςς Dernier article des antennes plus large que le précédent

et aussi long que les deux premiers articles de la massue. Dernier article des palpes labiaux plus large dans son milieu, rétréci en pointe à l'extrémité. *Corynetes*.

1846. M. Rosenhauer, dans une petite brochure (*Broscosoma und Laricobius, zwei neue Kaefergattungen*) établit le genre *Laricobius*, fondé sur une petite espèce encore inédite de notre tribu des ANGUSTICOLLES, et il reproduisit, l'année suivante, les caractères de cette coupe générique, dans ses *Beitræge zur Insekten-Fauna Europas* (Matériaux pour la Faune des insectes d'Europe).

1849. Dans la première édition de sa *Fauna austriaca* M. L. Redtenbacher ajouta le genre *Opetiopalpus* aux coupes génériques susindiquées.

1852. M. Bach, dans la troisième livraison de sa *Faune des Coléoptères pour le nord et le milieu de l'Allemagne* (*Kaeferfauna für Nord-und Mittel-Deutschland*), donna à sa famille des *Cleri*, la trente-troisième de sa méthode, les caractères suivants :

Antennes grossissant insensiblement ou terminées par trois articles plus gros. *Ventre* de six arceaux. *Tarses* de cinq ou de quatre articles : l'avant-dernier bilobé : le premier court et ordinairement en partie caché : le quatrième parfois rudimentaire. *Tête* aussi large que le prothorax. *Prothorax* à côtés rrondis. *Elytres* cylindriques. *Corps* hérissé de poils.

Il suivit à peu près M. Redtenbacher pour les caractères distinctifs des genres.

1852. Le Conte, dans le cinquième volume des *Annales du Lycée d'Histoire naturelle de New-York*, donnait un *Synopsis des insectes coléoptères du groupe des Clérides se trouvant dans les États-Unis*, travail dans lequel il suivait, pour les genres se rapportant à nos insectes de France, les désignations données par Herbst et Fabricius.

1857. M. Lacordaire, dans le tome IV de son savant *Genera des Coléoptères*, a donné à sa famille des Clérides, la quarante-unième, dans son ordre méthodique, les caractères suivants, dont quelques-uns ne s'appliquent pas à nos insectes de France.

Menton carré ou trapéziforme chez presque tous. *Languette* membraneuse, parfois coriace, sans paraglosses. *Mâchoires* à deux lobes lamelliformes et ciliés. *Palpes labiaux* souvent plus longs que les maxillaires : leur dernier article sécuriforme chez la plupart. *Epistome* distinct, coriace ou submembraneux en avant.

Yeux très-généralement échancrés. *Antennes* de onze articles, rarement de moins, flabellées, dentées ou terminés en massue. *Hanches antérieures* conico-cylindriques, médiocrement saillantes : les intermédiaires plus courtes, subglobuleuses, un peu distantes : les trochantins des unes et des autres en général distincts : les postérieures transversales, enfoncées, recouvertes par les cuisses de la même paire. *Tarses* pentamères ou tétramères, pourvus de lamelles en dessous : leur dernier article au moins bilobé. *Abdomen* composé de cinq ou six segments, tous libres.

Il a divisé la famille des Clérides en deux tribus :

A Cinq articles aux tarses. Pronotum confondu avec les parapleures du prothorax — CLÉRIDES vrais.
AA Quatre articles aux tarses. Pronotum distinct des parapleures du prothorax. — ENOPLIIDES.

La première tribu, ou celle des Clérides vrais, réduite aux espèces propres à notre faune, a été divisée de la manière suivante :

α Premier article dégagé, visible en dessus. — TILLIDES.
αα Premier article recouvert par le deuxième, souvent rudimentaire. — CLÉRIDES VRAIS.

Les Tillides sont réduits pour notre pays aux deux genres suivants :

α Tête allongée, parallèle sur les côtés. — *Denops*.
αα Tête ovalaire. — *Tillus*.

Les Clérides vrais. Antennes terminées par une massue triarticulée.

α Palpes labiaux seuls sécuriformes.
β Massue des antennes à articles lâchement unis. — *Thanasimus*.
ββ Massue des antennes à articles serrés. — *Clerus*.
αα Palpes labiaux et maxillaires sécuriformes.
γ Massue des antennes ne formant pas un triangle régulier. — *Tarsostenus*
γγ Massue antennaire en triangle régulier. — *Trichodes*.

La deuxième tribu, ou celle des Enopliides, a été partagée en deux sous-tribus :

α Antennes terminées par une massue lamelliforme ou en scie, très-souvent plus grande que le reste de l'organe. — ENOPLIIDES VRAIS.
αα Antennes terminées par une petite massue de trois articles. — CORYNÉTIDES.

Enopliides vrais.

a Dernier article des palpes non ou à peine sécuriforme. *Orthopleura.*
aa Dernier article des palpes sécuriformes *Enoplium.*

Corynétides.

a Premier article des tarses dégagé et visible en dessus. *Laricobius.*
aa Premier article des tarses plus ou moins recouvert par le deuxième.
b Dernier article des palpes triangulaire. *Corynetes.*
bb Dernier article des palpes ovalaire et tronqué. *Necrobia.*
bbb Dernier article des palpes acuminé. *Opetiopalpus.*

1861. Enfin M. Jacquelin du Val, dans le tome III de son *Genera des Coléoptères d'Europe*, divisa sa famille des Clérides en quatre groupes :

Groupes

a Tarses de cinq articles : le quatrième étant bien développé, échancré ou bilobé. Prothorax n'offrant point de lignes latérales. CLÉRITES
aa Tarses subpentamères : le quatrième article normal étant très-petit, peu marqué et reçu dans une échancrure apicale du troisième.
β Prothorax n'offrant sur les côtés aucune ligne séparant le pronotum des parapleures. TARSOSTÉNITES
ββ Prothorax offrant sur les côtés une ligne élevée longitudinale, séparant le pronotum des parapleures.
γ Abdomen offrant inférieurement six segments apparents. Antennes terminées par une grosse et longue massue. ENOPLIITES.
γγ Abdomen offrant inférieurement cinq segments apparents seulement. Antennes terminées par une massue un peu plus médiocre. CORYNÉTITES.

Clérites.

Genres.

a Tarses à premier article entièrement dégagé et distinct en dessus.
b Tête grande, allongée. Yeux placés en avant très-loin du prothorax. *Denops.*
bb Tête assez courte. Yeux peu ou point distincts du prothorax. *Tillus.*
aa Tarses à premier article plus ou moins petit et court, recouvert par le second, peu ou très-peu visible en dessus.

c Palpes labiaux bien plus longs que les maxillaires : ceux-ci courts, à dernier article suboblong. *Thanasimus.*
cc Palpes labiaux subégaux en longueur aux maxillaires.
d Dernier article des palpes maxillaires très-grands, fortement sécuriforme. Antennes épaisses vers l'extrémité. *Opilus.*
dd Dernier article des palpes maxillaires en triangle renversé notablement plus long que large. Antennes terminées par une massue obconique et largement tronquée, de trois articles. *Clerus.*

TARSOSTÉNITES.

Un seul genre. *Tarsostenus.*

ENOPLIITES.

α Dernier article des palpes en triangle renversé ou sécuriforme. Ligne latérale du prothorax médiocrement saillante et même peu tranchée en avant. *Enoplium.*
αα Dernier article des palpes subcylindrique. Ligne latérale du prothorax très-saillante et tranchante dans toute sa longueur. *Orthopleura.*

CORYNÉTITES.

a Tarses à premier article étroitement recouvert en dessus par le deuxième. Ongles munis d'une forte dent basilaire. *Corynetes.*
aa Tarses à premier article dégagé en dessus à sa base. *Laricobius.*

Dans ce beau travail, le genre *Thanasimus* se trouve divisé en plusieurs sous-genres : *Pseudoclerus*, *Pseudoclerops*, *Thanasimus*, *Allonyx*. celui de *Corynetes* a été également partagé en trois groupes : *Corynetops*, *Corynetes*, *Opetiopalpus*, dont nous reproduirons plus tard les caractères.

Nous diviserons nos Angusticolles en deux groupes :

Ventre { De six arceaux apparents. CLÉRIDES.
Ventre { De cinq arceaux apparents. CORYNÉTIDES.

PREMIER GROUPE.

CLÉRIDES.

CARACTÈRES. *Ventre* de six arceaux apparents.

Ces insectes se partagent en trois familles.

			Familles.
Tarses postérieurs	visiblement pentamères, c'est-à-dire visiblement composés de cinq articles distincts. Prothorax non rebordé sur les côtés. Ongles bidentés.		TILLIENS.
	subpentamères ou n'offrant pas visiblement cinq articles très-distincts.	Prothorax non rebordé sur les côtés. Premier article des tarses recouvert en dessus par le deuxième : le quatrième bien développé.	CLERIENS.
		Prothorax muni de chaque côté d'un rebord séparant sa partie dorsale de son repli. Premier article des tarses voilé en dessus par le deuxième : le quatrième caché ou rudimentaire.	ENOPLIENS.

PREMIÈRE FAMILLE

LES TILLIENS.

CARACTÈRES. *Ventre* de six arceaux apparents. *Tarses* postérieurs de cinq articles très-distincts : le quatrième échancré ou bilobé. *Ongles* munis de deux dents au côté interne de chacune de leurs branches. *Prothorax* non rebordé sur les côtés. *Antennes* grêles à la base, élargies et comprimées à partir du quatrième ou du cinquième article : les cinquième à dixième au moins, dentés en scie à leur côté interne. *Mandibules* bidentées. *Mâchoires* à deux lobes coriaces, presque égaux, ciliés ou frangés à l'extrémité.

Les Tilliens sont des insectes de forme gracieuse et parés de couleurs assez vives, on les trouve généralement sur les vieux bois ou sur les végétaux sarmenteux, dans lesquels, à l'état de larve, ils faisaient la guerre à celles de divers insectes xylophages. Latreille, le premier, avait soupçonné l'instinct carnassier de ces coléoptères, dans leur jeune âge.

Les Tilliens se divisent en deux genres :

		Genres.
Yeux	séparés du bord antérieur du prothorax par un espace à peu près égal au diamètre de l'un d'eux. Tarses postérieurs à peu près aussi longs que le tibia. Tête plus longue que large. Palpes maxillaires et labiaux à dernier article graduellement élargi vers l'extrémité.	*Denops.*
	contigus ou presque contigus au bord antérieur du prothorax. Tarses postérieurs visiblement moins longs que le tibia. Tête aussi large que longue. Palpes labiaux à dernier article sécuriforme ou en triangle presque équilatéral.	*Tillus.*

Genre *Denops*, Denops ; Fischer.

Fischer de Waldheim. Bull. de la Soc. des natur. de Moscou, t. I, 1829, p. 65.

Caractères. *Tête* plus longue que large. *Yeux* échancrés à leur côté interne ; séparés du bord antérieur du prothorax par un espace à peu près aussi grand que leur diamètre. *Antennes* insérées dans la partie antérieure de l'échancrure des yeux, sous un rebord des joues ; de onze articles : le premier médiocrement renflé : les deuxième à quatrième grêles : les autres élargis, comprimés : les cinquième à dixième dentés en scie au côté interne : le onzième ovalaire. *Epistome* échancré en arc, anguleux à chacune de ses extrémités, obliquement coupé antérieurement en arc à son bord antérieur. *Palpes maxillaires* un peu plus courts que les labiaux, subfiliformes, à dernier article subfusiforme tronqué à l'extrémité. *Prothorax* plus long que large, plus étroit dans sa seconde moitié ; marqué en dessus d'un sillon transversal croisant la ligne médiane, vers le quart ou un peu plus de sa longueur. *Palpes labiaux* à dernier article graduellement élargi d'arrière en avant, tronqué à l'extrémité. *Ecusson* apparent. *Elytres* débordant la base du prothorax du quart ou du tiers de la largeur de chacune, un peu plus courtes que l'abdomen, surtout chez la ♀. *Ventre* de six arceaux. *Tarses* de cinq articles très-apparents ; les postérieurs aussi longs que le tibia ; le premier le plus long, le dernier un peu moins long que les deux précédents réunis. *Ongles* armés, au côté interne de chacune de leurs branches, de deux dents : la basilaire un peu obtuse : l'autre aiguë, située vers la moitié de leur longueur ou un peu plus avant. *Corps* allongé : subcylindrique.

1. **D. albofasciatus**; CHARPENTIER. *Dessus du corps hérissé de poils nébuleux. Tête noire en devant, rouge postérieurement. Prothorax rugueusement ponctué; rouge. Elytres noires, parées avant le milieu d'une bande transverse blanche. Médi et postpectus et pieds noirs: cuisses antérieures ordinairement d'un rouge testacé.*

Tillus albofasciatus. CHARPENT., Horæ Entom. 1825. p. 198. pl. VI fig. 3. — STURM, Deutsch. Faun. t. II. p. 9. 5.
Cylidrus albofasciatus. KLUG, Versuch einer syst. Bestimm. u. Auseinandersetz. d. Gatt. u. Arten. d. *Clerii*, in Abhandl. d. K. Akad. d. Wissensch. zu Berlin. 1842. p. 264. 5. — Id. tiré à part. p. 8. 5. — LUCAS, Explor. sc. de l'Algér. 1849. p. 202. 531. — BACH, Kaeferfaun. 5. livr. p. 88. 1. — L. REDTENB., Faun. austr. 2e édit. p. 549.
Cylidrus agilis. LUCAS, Ann. de la Soc. entom. de Fr. 2e série. t. I. 1843. p. 25.
Denops personatus. SPINOLA, Essai monogr. sur les *Clérites*. t. I. p. 90. 4. pl. I. fig. A.
Denops albofasciatus. J. DU VAL, Gener. t. III. p. 162. 1. pl. XLVIII. fig. 236 et *a*.

Long. $0^m,0042$ à $0^m,0072$ (1 7/8 à 3 3/4). — Larg. $0^m,0009$ à $0^m,0018$ (2/5 à 4/5).

Corps allongé. *Tête* marquée de points rapprochés, en laissant ordinairement une trace lisse légèrement relevée sur une partie de la ligne médiane; hérissée de poils livides ou nébuleux, fins et médiocrement allongés; noire, avec la partie postérieure aux yeux, rouge parfois, en majeure partie de cette dernière couleur; pièces de la bouche, noires. *Antennes* moins longuement prolongées que les angles postérieurs du prothorax; noires, avec les quatre ou cinq premiers articles d'un rouge jaune. *Prothorax* tronqué et sans rebord en avant, tronqué et à peine rebordé à sa base; subsinueusement parallèle jusqu'aux deux cinquièmes de sa longueur, subsinueusement rétréci ensuite; de moitié plus long, vers son milieu, que large en devant; convexe; creusé, vers le cinquième, ou un peu plus, de sa longueur, d'un sillon transverse non étendu jusqu'au côté; rugueusement ponctué; hérissé de poils livides d'un rouge jaune. *Écusson* à peine aussi long que large; arqué à son bord postérieur, d'un rouge obscur. *Elytres* deux fois à deux fois et quart aussi longues que le prothorax; un peu élargies jusqu'aux deux tiers, subarrondies chacune postérieurement; médiocrement convexes; d'un noir violâtre et luisant; parées d'une bande transversale blanche, couvrant du tiers à un peu plus de la moitié de leur longueur; à peine pointillées; peu garnies de poils fins, blanchâtres mi-hérissés. *Dessous du corps* d'un rouge jaune sur l'antépectus et sur le mésosternum, d'un noir luisant sur le reste; garni de poils fins et blanchâtres. *Pieds* garnis de poils semblables : hanches antérieures et intermédiaires, cuisses de devant, tarses des quatre pieds antérieurs, d'un rouge ou roux jaune : le reste d'un noir luisant. Sa larve vit dans la vigne sauvage, aux dépens des larves de la *Xylopertha sinuata*.

Le *Denops albofasciatus* est principalement méridional; l'un de nous l'a reçu dans le temps, de Draguignan, de feu M. Doublier, et des Landes, de notre savant entomologiste M. Perris; mais on le rencontre aussi dans les contrées viticoles des zones tempérées. Au rapport de M. Suffrian, il a été pris aux environs de Mayence, dans une forêt de pins, par M. le pasteur Schmitt. (Stettin. Entom. Zeit. 1863, p. 123).

Obs. La couleur de diverses parties du corps varie un peu suivant les individus. Chez quelques-uns, la partie antérieurement noire de la tête est plus restreinte ou passe au brun. Chez d'autres, les élytres sont rouges à la base; les pieds surtout offrent des variations plus nombreuses, suivant le développement ou le défaut de la matière colorante; quelquefois ils sont rouges, avec seulement les cuisses postérieures et une partie des jambes des mêmes pieds, noires.

Le *Denops longicollis* (Steven) Fischer (*Bullet.* de la soc. des Nat. de Moscou, t. I, 1829, p. 67) appartient à une des variations extrêmes. Il a la tête, la base des élytres et les pattes rouges ou d'un rouge testacé. Faut-il, suivant l'opinion de Spinola (loc. cit. pl. 1, fig. 4 B.) le regarder comme une variété du *D. albofascicatus*, et doit-il, d'après le soupçon de J. du Val, constituer une espèce particulière ?

M. Perris a eu la bonté de nous communiquer la note suivante sur les premiers états du *Denops*.

Larve.

Long. 0m,0011 à 0m,0013. — Larg. 0m,0001 1/2 à 0m,0001 3/4.

Linéaire, avec la partie antérieure un peu atténuée, charnue, et d'un oli blanc mat, un blanc jaunâtre; glabre avec quelques poils roussâtres ur la tête, le prothorax et le dernier segment.

Tête subdéprimée, un peu plus étroite que le corps, cornée, luisante t d'un testacé ferrugineux, avec le bord antérieur noirâtre; marquée n dessus d'une ligne enfoncée brune, qui n'atteint pas ordinairement 'épistome; revêtue en dessous d'une plaque continue, jusqu'au niveau le l'insertion des antennes, et que parcourent deux sillons longitudiaux rapprochés et à peine divergents à l'extrémité antérieure. *Antenes* de quatre articles : le premier assez grand et épais, le second aussi ong que les deux suivants, pris ensemble : le troisième plus court que le dernier, tronqué un peu obliquement en dehors, et muni de deux ou trois poils : le quatrième grêle, cylindrico-conique, surmonté d'un poil, et accompagné d'un petit article supplémentaire des deux tiers plus court et visiblement conique. *Epistome* très-court, tranversal : labre peu saillant, pubescent, en demi-ellipse, transversal et non échancré. *Mandibules* peu arquées, ferrugineuses avec l'extrémité noire. *Mâchoires* courtes, à lobes tuberculiformes portant quelques soies aussi longues que les palpes maxillaires : ceux-ci de trois articles, dont le dernier un peu plus long que chacun des autres. *Lèvre inférieure* petite et cordiforme, portant deux palpes bi-articulés. Tous ces organes sont d'un roussâtre pâle ou livide; Les verres les plus amplifiants n'ont pu me faire apercevoir aucune trace d'ocelles bien caractérisés. J'ai vu seulement, comme dans les larves de *Tillus*, un peu au-dessous de chaque antenne, un petit tubercule lisse, à peine saillant et ocelliforme, avec cette différence que chez ces dernières on remarque, au bord inférieur de ce tubercule, un point noir à peine perceptible à une forte loupe, tandis que je n'ai pas trouvé ce point sur la larve du *Denops*. *Prothorax* à peu près carré, de la couleur du corps, ayant vers le tiers antérieur une bande transversale roussâtre, arquée en arrière et interrompue au milieu. *Mésothorax* et *Métathorax* à peu près de la dimension du prothorax, avec un pli transversal sur le milieu. *Abdomen* formé de neuf segments, le premier un peu plus court que les sept suivants qui sont égaux ; tous munis de chaque côté d'un bourrelet rétractile et dilatable, qui sert à favoriser les mouvements de la larve ; neuvième segment un peu plus court que les précédents, arrondi et terminé par deux crochets cornés, ferrugineux avec la pointe noirâtre, d'abord à peu près droits, puis brusquement recourbés; ce segment creusé en gouttière entre les deux crochets, et pourvu en dessous d'un mamelon pseudope. *Stigmates* au nombre de neuf paires, la première sur un bourrelet transversal triangulaire entre le prothorax et le mésothorax, les autres au tiers antérieur des huit premiers segments abdominaux. *Pattes* peu robustes, de quatre articles, plus un ongle subcorné et peu courbé, munies de quelques soies, notamment deux longues et assez épaisses à l'extrémité supérieure du tibia.

La larve du *Denops* vit dans les sarments de la vigne sauvage où elle fait la chasse aux larves de l'*Agrilus derasofasciatus*, et à celles beaucoup plus communes du *Xylopertha sinuata*. Elle a les plus grands rapports avec celle des *Tillus unifasciatus* et *elongatus* dont elle ne m'a paru différer que par sa taille ordinairement plus petite, par son corps un peu plus grêle, par le labre non échancré, et surtout par la couleur du premier segment qui n'est pas roussâtre sur les deux tiers antérieurs, et du dernier qui n'a pas de tache rousse couvrant la moitié postérieure. Les crochets terminaux sont aussi relativement un peu plus petits.

Quand le moment de la transformation est venu, elle se pratique au milieu des détritus une cellule qu'elle tapisse d'un vernis incolore et très-peu apparent, et, après être demeurée quelque temps repliée sur elle-même, elle passe à l'état de nymphe.

Nymphe.

Elle n'offre rien de particulier, elle est seulement beaucoup moins velue que celle des *Thanasimus* et des *Opilus*, et a de grands rapports avec celle du *Tarsostenus* et des *Tillus*.

Ed. Perris.

Genre *Tillus*. Tille ; Olivier.

Olivier. Entom., t. II, 1790, nº 22.

(τίλλω, je pince.)

Caractères. *Tête* à peu près aussi large ou plus large que longue. *Yeux* échancrés à leur côté interne ; contigus ou presque contigus, à eur partie postérieure, au bord antérieur du prothorax. *Antennes* in-érées dans la partie antérieure de l'échancrure des yeux, sous un re-)ord des joues; de onze articles : le premier médiocrement renflé: le leuxième court: les suivants élargis, comprimés : les troisième à lixième ou quatrième à dixième, dentés en scie au côté interne: le ›nzième ovalaire. *Epistome* et *Labre* transversaux, entiers. *Palpes maxil-'aires* plus courts que les labiaux, subfiliformes; à dernier article subfu-›iforme tronqué à l'extrémité. *Palpes labiaux* allongés; à dernier article)btriangulaire ou sécuriforme. *Prothorax* plus long que large, plus ›troit dans les deux cinquièmes postérieurs ou un peu plus; marqué en dessus d'un sillon transversal, croisant la ligne médiane vers le cinquième ou le quart de la longueur de celle-ci. *Écusson* apparent. *Elytres* débordant la base du prothorax, du tiers ou des deux cinquièmes de la largeur de chacune; voilant l'abdomen. *Ventre* de six arceaux. *Tarses* de cinq articles distincts: les quatre premiers munis en dessous de soies membraneuses: les postérieurs visiblement moins longs que le tibia; à premier article le plus long. *Ongles* armés, au côté interne de chacune de leur branches, de deux dents, l'une à la base, l'autre vers le milieu.

A. Elytres unicolores.

1. **T. elongatus**; Linné. *Dessus du corps hérissé de poils obscurs; d'un noir bleuâtre. (Prothorax d'un rouge jaune chez la ♀). Ecusson transversal. Elytres marquées de points sérialement disposés, oblitérés postérieurement; rarement notées chacune d'une ou de deux taches livides ou blanchâtres. Dessous du corps et pieds noirs.*

♂ Prothorax noir. Sixième arceau ventral sillonné transversalement; tronqué à l'extrémité.

♀ Prothorax d'un rouge jaune, avec le bord antérieur noir. Sixième arceau ventral sans sillon transversal; arqué en arrière à son bord postérieur.

♂ *Lagria ambulans*. Fabr., Mant. ins. t. 1. p. 93. 9.
Tillus ambulans. Fabr., Entom. syst. t. I. 2. p. 78. 2. — Id. Syst. eleuth. t. I.

p. 282. 4. — STEPH., Illustr. t. III. p. 322. 2. — STURM, Deutsch. Faun. XI. p. 5. 2.

Lagria atra. PANZ., Faun. Germ. VIII. fig. 9.

♀ *Chrysamela elongata.* LINN. Syst. 10e édit. t. I. p. 377. 78. — Id. 10e édit. t. I. p. 603. 122.

Lagria ruficollis. HERBST, Archiv. 4e cah. p. 68. 29. pl. 23. fig. 35.

Labria elongata. FABR., Mant. ins. t. I. p. 93. 8.

Tillus elongatus. OLIV., Entom. t. II. no 22. p. 4. 1. pl. I. fig. 1. — FABR., Entom. syst. t. I. 2. p. 77. 1. — Id. Syst. eleuth. t. I. p. 281. 1. — PANZ., Faun. germ. 43. 16. — LATR., Hist. nat. t. IX. p. 143. 1. pl. LXXVI. fig. 8. — SCHOENH., Syst. ins. t. II. 45. 1. — STEPH., Illustr. t. III. p. 322. 1. — STURM, Deutsch. Faun. XI. p. 4. 1.

♂ ♀. *Tillus elongatus.* GYLLENH., Ins. suec. t. I. p. 313. 1. — KLUG, *Clerii. in* Abhandl. d. K. Akad. d. Wissensch. zu Berlin. 1842. p. 268. 1. — Id. tiré à part. p. 12. 1. — STEPH., Man. p. 197. 1561. — SPINOLA, *Clérites.* t. I. p. 94. 1 pl. II. fig. 2. — BACH., Kæferf. 3e liv. p. 89. 1. — L. REDTENB., Faun. austr. 2e édit. p. 549. — ROUGET. Catal. 993. — J. DU VAL, Gener. t. III. p. 162.

Var. *a. Elytres ornées chacune d'une ou de deux taches blanches ou blanchâtres, ou d'une sorte de bande transverse raccourcie, un peu après le milieu de leur longueur.*

♂ *Tillus bimaculatus.* DONOV., t. XII. pl. CCCCXI. fig. 2.

♂ *Tillus hyalinus.* STUM., Deutsch. Faun. t. XI p. 6. 3. pl. CCXXVIII. fig. *a.*

Long. 0m,0067 à 0m,0090 (3 à 4). — Larg. 0m,0013 à 0m,0017 (3/5 à 4/5) à la base des élytres; 0m,0014 à 0m,0028 (2/3 à 1 l. 1/4) vers les trois quarts de leur longueur.

Corps allongé. *Tête* d'un noir bleuâtre, pointillée, hérissée de poils noirs, parfois marquée de deux fossettes presque obsolètes sur le front; parties de la bouche, noires. *Yeux* noirs, échancrés. *Antennes* prolongées jusqu'au cinquième (♀) ou au tiers basilaire (♂) des élytres; noires. *Prothorax* tronqué et presque sans rebord en devant; tronqué et rebordé à la base; subparallèle sur le dixième antérieur des côtés, légèrement arqué jusqu'aux trois cinquièmes ou un peu plus, plus étroit et subparallèle postérieurement; de moitié au moins plus long sur son milieu que large en devant; médiocrement convexe, rayé, sur le premier sixième de sa longueur, d'une ligne ou d'un sillon transversal, se rapprochant des angles de devant sur les côtés; rayé d'un sillon antébasilaire, parfois un peu anguleusement avancé sur la ligne médiane; à peine pointillé, hérissé de poils obscurs, d'un noir bleuâtre luisant (♂), ou d'un rouge jaune, avec le bord antérieur noir ou obscur (♀). *Ecusson* une fois plus large que long, échancré à son bord postérieur; noir. *Elytres* trois fois au moins aussi longues que le prothorax; sub-graduellement élargies jusqu'aux trois quarts, arrondies, prises ensemble, postérieurement; émoussées à l'angle sutural; peu convexes sur le dos; d'un noir bleuâtre, parfois ornées chacune d'une ou de deux taches, d'un livide sale ou blanchâtre, marquées de points sérialement disposés, postérieurement affaiblis et oblitérés vers l'extrémité; hérissées de poils obscurs. *Dessous du corps* et *pieds* noirs ou d'un noir bleuâtre luisant: le premier, peu garni de poils fins et obscurs : les seconds, mi-hérissés de poils blanchâtres.

Cette espèce paraît habiter toutes les zones de la France, surtout les tempérées ou les septentrionales; mais elle est généralement peu commune. On la trouve sur les vieux chênes, hêtres, etc., ou sous l'écorce de ces arbres. Elle a été prise par feu Bompart, dans les environs de Tournus, sur un pieu de saule.

Sa larve, suivant M. Perris, ressemble à celle de l'espèce suivante.

AA. Elytres rouges à la base, noires ensuite, et parées d'une bande blanche.

2. **T. unifasciatus**; Fabricius. *Tête et prothorax d'un noir luisant; hérissés de poils noirs. Elytres marquées sur leur moitié antérieure de gros points sérialement disposés, lisses sur la postérieure, mais parées chacune, vers la moitié de leur longueur, d'une bande transversale blanche, un peu arquée en devant, laissant le rebord sutural noir; hérissées de poils blancs à l'extrémité, et de poils obscurs sur le reste. Dessous du corps et pieds noirs.*

♂ Sixième arceau du ventre creusé de deux sillons longitudinaux.

♀ Sixième arceau du ventre lisse.

Clerus unifasciatus. Fabr., Mant. t. I. p. 125. 8. — id. Syst. eleuth. t. I. p. 281. 9. — Roemer, Gener. p. 45. 43. pl. 4. fig. 13. — Rossi, Faun. etr. I. p. 138. 352. — Olivier, Entom. t. IV. n° 76. p. 17. 21. pl. II. fig. 21. *b*.—

PETAGNA, Inst. Entom. p. 224. 2. — HERBST, Naturs. t. VII. p. 209. 3. pl. CIX. fig. 3.
Clerus fasciatus. FOURRER, Entom. par. t. I. p. 136. var. B.
Clerus formicarius. PETAGNA, Specimen, p. 13. 73. pl. fig. 10.
Tillus unifasciatus. LATR, Hist. nat. t. IX. p. 145. 4. — Id. Gener. t. II. p. 269. 2. — CURTIS, Brit. Entom. tom. VI. pl. 267. — STEPH, Illustr. t. III. p. 323. 3.— STURM, Deutsch. Fauna. XI. p. 8. 4. pl. CCXXVIII. fig. *b*. B. —KLUG, *Clerii*, *in* Abhandl. d. K. Akad. der Wissensch. zu Berlin, 1842, p. 275. 14. — Id. tiré à part. p. 19. 14. — SPINOLA, *Clérites*. t. I. p. 96. 2. pl. 2 fig. 4. — PERRIS, Ann. de la Soc. Entom. 1849. p. 35. — BACH, Kaeferfaun. 3e livr. p. 80. — L. REDTENB, Faun. Austr. 2e édit. p. 549. — J. DU VAL, Gen. p. 162. pl. 48. fig. 237. — ROUGET, catal. 994.
Tilloidea unifasciata. STEPH, Man. p. 197. 1562. — Suckhard, The brit. Col. p. 43. g. 376. pl. XXXII. fig. 2.

Var. α. *Couleur rouge de la base des élytres, étendue jusqu'à la lisière de la bande transversale blanchâtre.*

Tillus tricolor. DEJEAN, Catal. 1837. p. 125.
Tillus unifasciatus. Var. A. SPIN. loc. cit. pl. II. fig. 5.

LONG. 0m,0042 à 0m,0072 (1 7/8 à 3 1/2). — Larg. 0m,0009 à 0m,0018 (2/5 à 3/4) à la base des élytres; 0m,0014 à 0m,0020 (2/3 à 9/10) vers les 4/5 de la longueur de celles-ci.

Corps allongé. *Tête* d'un noir luisant; à peine pointillée; hérissée de longs poils noirs; marquée sur le front d'un sillon linéaire en demi-cercle dirigé en avant, naissant au côté interne des yeux et avancé jusqu'à l'épistome. Parties de la bouche noires. *Yeux* noirs; entaillés. *Antennes* prolongées environ jusqu'au cinquième basilaire des élytres; noires. *Prothorax* tronqué et sans rebord, en devant; tronqué et rebordé à la base; subparallèle jusqu'à la moitié de ses côtés, rétréci ensuite jusqu'aux trois quarts, subparallèle postérieurement; plus long sur son milieu que large en devant; médiocrement convexe; creusé d'un sillon en arc dirigé en arrière; naissant aux angles de devant et prolongé jusqu'aux deux septièmes de la ligne médiane; rayé d'un sillon antébasilaire peu profond un peu anguleusement avancé sur la ligne médiane; d'un noir luisant: à peine pointillé: hérissé de longs poils noirs. *Ecusson* plus long que large; subparallèle à la base, en ogive à l'extrémité; noir. *Elytres* deux fois et quart aussi larges que le prothorax; subgraduellement élargies jusqu'aux trois quarts, arrondies, prises ensemble, postérieurement; très-médiocrement convexes; marquées sur leur première moitié de points sérialement disposés, gros près de la base, graduellement un peu moins gros ensuite; lisses sur leur seconde moitié; rouges sur le tiers antérieur, noires ou d'un noir bleuâtre sur le reste, mais parées chacune, à partir de la moitié de leur longueur, d'une bande transversale blanche, un peu arquée en devant, et laissant le rebord sutural noir; hérissées de poils noirs et fins sur leurs sept huitièmes antérieurs, et de poils blancs postérieurement. *Dessous du corps* et *pieds* noirs ou d'un noir bleuâtre luisant: le premier garni de poils fins et obscurs; les seconds mi-hérissés de poils blancs.

Cette espèce paraît habiter aussi toutes les zones de la France; on la rencontre assez fréquemment, en mai et en juin, sur les bois morts ou coupés, et parfois dans les maisons.

M. Perris a fait connaître les habitudes et les premiers états de cette espèce (*Annales* de la Soc. entomol. de France, 2e série, t. V. 1847, p. 32-35, pl. I, no II, fig. 6, larve; 7 à 11, détails). Nous ne saurions mieux faire que de reproduire le travail de ce savant si consciencieux et si parfait observateur.

Larve.

Long. $0^{m},013$ (pl. I, no II, fig. *b*, et détails 7-11).

Linéaire, charnue et d'un beau blanc ou d'un blanc jaunâtre, surtout lorsqu'elle est près de sa transformation. *Tête* déprimée, un peu plus étroite que le corps, cornée et de couleur ferrugineuse, avec le bord antérieur plus foncé. *Epistome* court, transversal, labre large, velu, en forme de segment de cercle, mais un peu échancré au milieu. *Mandibules* noires, crochues, nullement dentées, échancrées ou bifides. *Antennes* atteignant à peine la longueur des mandibules; de quatre articles: le premier assez grand et épais: le deuxième un peu plus long et plus large à l'extrémité qu'à la base; le troisième de moitié plus court et plus étroit, portant à son extrémité extérieure deux ou trois soies d'inégale longueur ; le quatrième plus long que le troisième, grêle, cylindro-conique et surmonté d'un poil. *Palpes* saillants, en cône allongé : les maxillaires, composés de trois articles égaux ; les labiaux, de deux. *Lobe interne des mâchoires* étroit, assez long, et finement velu. *Tête* saillante, libre, ovale-arrondie, marquée près de l'épistome d'une ligne circulaire, et, longitudinalement, d'un sillon qui est très-prononcé sur le vertex : de ce sillon partent deux traits blanchâtres et obliques, qui ont l'air de dessiner deux grands yeux : en dessous, sont deux sillons rapprochés et parallèles. Un peu au dessous de la base des antennes, on aperçoit, sur le côté de la tête, et à l'aide d'une forte loupe, un tout petit point noir : je ne serais pas surpris que ces points fussent des yeux. *Corps* formé de douze segments, à peu près tous égaux : linéaire ; légèrement aplati, mais plus sensiblement dans la partie thoracique et à l'extrémité postérieure : premier segment roussâtre antérieurement, et le dernier à l'extrémité, où il porte deux crochets relevés, cornés, à base roussâtre et à extrémité brune : en dessous est un mamelon charnu et rétractile. A partir du quatrième jusqu'au onzième inclusivement, les côtés de chaque segment sont dilatés en un bourrelet tuberculiforme, qui rend très-sensible la séparation des segments : ces bourrelets sont rendus sensibles par de petites impressions longitudinales. Les trois premiers segments portent chacun, en dessous, deux *pattes* : celles-ci sont faiblement cornées et jaunâtres, avec la base des hanches, les genoux et les ongles plus foncés ; elles sont de quatre articles (si l'on doit compter pour un le mamelon de la base), et portent quelques soies, notamment deux très-longues et assez épaisses, à l'extrémité antérieure du tarse. La tête et le dernier segment sont parsemés de poils roussâtres ; les trois premiers segments en ont quelques-uns sur les côtés ; les autres ne paraissent en avoir qu'un seul. *Stigmates* au nombre de neuf paires : la première, sur un bourrelet transversal triangulaire, situé entre le premier et le deuxième segment, mais qui dépend de celui-ci ; les autres, sur le milieu du quatrième segment et suivants, jusqu'au onzième inclusivement : ces stigmates sont disciformes, roussâtres : le premier est un peu plus grand que les autres et placé sensiblement plus bas.

Cette larve vit dans les sarments secs de la vigne cultivée ou sauvage.

Elle est certainement carnivore, car elle attaque et dévore les larves et les nymphes de la *Mordella maculata* et de l'*Apate sexdentata ;* mais elle paraît ronger aussi le bois pour se frayer un passage jusqu'à sa victime. C'est dans les sarments même qu'elle subit ses métamorphoses, et, avant de passer à l'état de nymphe, elle s'enfonce dans une cellule qu'elle a creusée ou agrandie, et bouchée des deux côtés avec de la vermoulure.

La nymphe ne présente rien de particulier.

Ed. Perris. (*loc. cit.*)

Cette larve attaque sans doute aussi celle des *Callidium unifasciatum* qui vit dans les sarments de vigne ; elle dévore sans doute également diverses larves qui nuisent aux pins.

T. transversalis ; Charpentier. *Dessus du corps hérissé de poils cendrés blanchâtres, Tête et prothorax noirs, ruguleux. Elytres presque sérialement et légèrement ponctuées à la base, d'une manière obsolète et irrégulière postérieurement ; rouges sur presque les deux cinquièmes basilaires, noires sur le reste, et parées sur cette partie noire, vers les quatre septièmes de leur longueur, d'une bande transversale blanche, n'atteignant ni le bord externe, ni la suture. Dessous du corps et pieds noirs.*

Clerus unifasciatus. Var. B. Oliv., Entom. tom. IV. p. 17. 21.
Clerus transversalis. (Helwig) Charpentier, Horae entom. p. 199. pl. VI. fig. 2. — Klug, *Clerii.* in Abhandl. de K. Akad. de Wissensch. zu Berlin. 1842. p. 275. 13. — Id. tiré à part, p. 19. 13. — Spinola, *Clérites.* t. I. p. 102. 6. pl. II. fig. 1.

Long. 0m,0072 à 0m,0112 (3 l. 1/4 à 5 l.). — Larg. 0m,0020 à 0m,0045 (3/10 à 2 l.)

Patrie : l'Espagne, le Portugal, l'Algérie.

T. pallidipennis ; Bielz. *Noir ; hérissé de poils noirs. Elytres d'un roux fauve, sensiblement élargies jusqu'aux deux tiers de leur longueur, rétrécies ensuite en ligne courbe ; ruguleusement et assez finement ponctuées ; voilant souvent incomplètement l'abdomen. Prothorax garni en dessus de rides transversales.*

Tillus pallidipennis. Bielz, Verhandl. Herm. Ver. i. 179.

Long. 0m,0100 (4 1|2). — Larg. 0m,0028 (1 l. 1/4) à la base des élytres; 0m,0039 (1 l. 3|4) vers les deux tiers de celles-ci.

Patrie : le Caucase. (Collect. Reiche.)

DEUXIÈME FAMILLE.

LES CLÉRIENS.

Caractères. *Ventre* de six arceaux apparents. *Tarses* subpentamères, ou n'offrant pas visiblement cinq articles très-distincts : le premier recouvert en dessus par le deuxième; le quatrième même parfois rudimentaire ou peu apparent. *Prothorax* non rebordé sur les côtés. *Antennes* dilatées vers l'extrémité ou terminées par une massue. *Ongles* simples ou munis seulement d'une dent basilaire. *Mandibules* armées d'une dent à leur coté interne, près du sommet. *Mâchoires* à deux lobes cornés ou coriacés, ciliés ou frangés à l'extrémité.

Les Clériens ont, comme les insectes de la famille précédente, des formes et des couleurs généralement agréables. Comme ceux-ci, dans leur premier état, ils sont carnivores et vivent aux dépens des larves de divers Coléoptères ou Hyménoptères.

Les Clériens se partagent en deux branches :

		Branches.
Tarses postérieurs	de cinq articles, mais dont le premier est caché en dessus par le deuxième et visible seulement en dessous : le quatrième très-apparent, échancré ou bilobé. Palpes labiaux à dernier article plus ou moins fortement sécuriforme.	Cléraires.
	paraissant n'avoir que quatre articles : le premier caché en dessus et visible seulement en dessous : le quatrième rudimentaire ou peu apparent, caché dans une échancrure du précédent : celui-ci échancré ou bilobé. Palpes labiaux à dernier article graduellement élargi d'arrière en avant et tronqué à l'extrémité.	Tarsosténaire.

PREMIÈRE BRANCHE

LES CLÉRAIRES.

Caractères. *Tarses* de cinq articles, mais dont le premier est caché en dessus par le second, et visible seulement en dessous; le quatrième très-apparent, échancré ou bilobé. *Palpes labiaux* à dernier article plus ou moins fortement sécuriforme.

Les insectes de cette première branche se répartissent dans les genres suivants :

Yeux	échancrés à leur partie antérieure. Antennes insérées au devant des yeux, à peu près dans leur échancrure.	Palpes maxillaires plus courts que les labiaux; à dernier article suballongé, comprimé, graduellement élargi d'arrière en avant	*Thanasimus*.
		Palpes maxillaires au moins aussi longs que les labiaux; à dernier article sécuriforme. Yeux transverses; assez faiblement échancrés.	*Opilus*.
	longitudinaux, entamés vers le milieu de leur côté interne, par une échancrure oblique, jusqu'à la moité de leur largeur.		*Clerus*.

Genre *Thanasimus*, Thanasime; Latreille.

Latreille. Genera crust. et insector., t. I, 1806, p. 270.

(θανάσιμος, mortel.)

Caractères. *Tête* aussi large que longue. *Yeux* échancrés à leur partie antérieure. *Antennes* insérées au devant de l'échancrure des yeux, et à peu près dans cette échancrure, sous un faible rebord des joues; de cinq articles : les premiers grêles : les trois à cinq derniers, graduellement élargis. *Épistome* transverse. *Labre* transverse, échancré dans le milieu de son bord antérieur. *Palpes maxillaires* courts, à dernier article suballongé, subcomprimé, obtusément tronqué à l'extrémité. *Palpes labiaux* allongés; à dernier article grand, cultriforme, sécuriforme, ou fortement obtriangulaire. *Prothorax* rétréci en ligne courbe à partir de la moitié de ses côtés, parallèle sur son cinquième postérieur ; marqué en dessus d'un sillon transversal, croisant la ligne médiane, vers le tiers. *Elytres* débordant la base du prothorax, des deux cinquièmes au moins de la largeur de chacune, voilant ordinairement l'abdomen. *Ventre* de six arceaux. *Tarses* postérieurs de cinq articles, mais dont le premier est caché en dessus par le second, et n'est visible qu'en dessous ; moins longs que les tibias ; à deuxième article le plus long. *Tarses* munis au plus d'une dent basilaire.

Les Thanasimes de nos pays ont les élytres noires (avec la base rouge) et parées de bandes ou de taches blanches.

A Front à peine aussi large ou moins large que le diamètre transversal d'un œil. Ongles munis d'une dent basilaire (S.-g *Pseudoclerops*) J. du Val) (1).

1. **T. mutillarius** ; Fabricius. *Tête et prothorax noirs : la première garnie de duvet blanc en devant : le second paré d'une tache de duvet blanc vers les angles postérieurs. Elytres d'un rouge pâle, en devant, noires, postérieurement : la partie rouge, couvrant presque jusqu'au cinquième de la suture, striément ponctuée, suivie d'une tache suturale et d'une bordure blanche interrompue : la partie noire, couverte d'un duvet soyeux très-noir, parée d'une bande transversale commune et d'une tache apicale de duvet blanc : la bande, un peu après les deux tiers, bidentée sur chaque étui à son bord antérieur. Poitrine et pieds noirs. Ventre d'un rouge jaune.*

Attellabus serraticornis. de Villers. C. Linné, Entom. t. I. p. 222. 16.

Clerus mutillarius. Fabr. Syst. Entom. p. 157. 1. — Id. Syst. Eleuth. t. I. p. 279. 1. — Herbst, Archiv. p. 87. 1. pl. 23. fig. 2. — Id. Natursyst. t. VII. p. 207. 1. pl. CIX. fig. 1. — Panz., Faun. Germ. XXXI. 12. — Oliv., Ent. t. IV. n° 76. p. 11. 12. pl. I. fig. 12. — Schoenh., Syn. ins. t. II. p. 42. 1. — Sturm, Deutsch. Fauna. XI. p. 31. 1.

Tillus mutillarius. Latr., Hist. nat. t. IX. p. 144. 2. — Duméril, Dict. des sc. nat. t. LIV. p. 373. 1. pl. VIII. fig. 5. — Klug, Versuch. etc. *in* Abhandl. d. K. Akad. d. Wissedsch. zu Berlin 1842. p. 290. 4. — Id. tiré à part. p. 34. 5.

---

(1) Le *Thanasimus brevicollis* (*clerus brevicollis*, Spinola, *Clérites*, t. I, p. 265, 26, pl. 25, fig. 25) dont J. du Val a formé le sous-genre *Pseudoclerus*, paraît être étranger à l'Europe et particulier à l'Asie. Il est *noir, velu, à élytres noires sur leurs cinq sixièmes postérieurs, et ornées chacune de deux bandes onduleuses blanches.*

Thanasimus mutillarius. LATR., Gener. t. II. p. 271. — SPINOLA, *Clérites*. t. I. p. 185. 5. pl. XVII. fig. 4. — BACH, Kaeferfaun. 3e livr.. p. 90. 1. — L. REDTENB, Faun. aust. 2e édit. p. 550.

Thanasimus (Pseudoclerops) mutillarius. J. DU VAL, Gener. t. III. p. 196. pl. XLVIII. fig. 238.

Long. 0m,0090 à 0m,0112 (4 l. à 5 l.). — Larg. 0m,0022 à 0m,0033 (1 l. à 1 l. 1/2) à la base des élytres.

Corps oblong ou suballongé. *Tête* noire, finement ponctuée et presque glabre sur la partie postérieure; mais finement ponctuée et garnie de poils longs et couchés, d'un blanc cendré, sur la partie antérieure. *Palpes* et *Antennes* noirs. *Prothorax* tronqué et sans rebord en devant; tronqué et muni d'un mince rebord à la base; subparallèle ou un peu élargi jusque vers la moitié de ses côtés, mais un peu entaillé vers le cinquième, rétréci ensuite en ligne courbe jusqu'aux cinq sixièmes; parallèle postérieurement; au moins aussi long que large; convexe; noir; densement et finement ponctué; marqué d'un sillon transversal un peu arqué en arrière, naissant latéralement vers le sixième, et prolongé jusqu'au tiers sur la ligne médiane; hérissé de poils noirs sur la majeure partie de sa surface; hérissé, vers les angles postérieurs, de poils blancs constituant une tache. *Écusson* parallèle, obtusément arrondi postérieurement; aussi long que large; noir. *Elytres* deux fois et quart aussi longues que le prothorax; subparallèles jusqu'aux deux tiers, subarrondies, prises ensemble, postérieurement; médiocrement convexes; d'un rouge pâle à la base, noires sur le reste: la partie rouge prolongée jusqu'au quart de leur longueur sur les côtés, et seulement jusqu'au cinquième ou un peu moins sur la suture, notée d'un point noir sur le calus huméral, hérissée de poils blancs : la partie noire, à peine striée en devant; garnie d'un duvet soyeux très-noir; hérissée, près du rebord sutural, d'une ou de deux rangées de poils noirs, parée d'une tache suturale, d'une étroite bordure transverse antérieure, d'une bande transversale et d'une tache apicale, formées de duvet blanc : la tache suturale, en losange ou subarrondie, à la partie antérieure de la région noire: la bordure, grêle, interrompue, servant à séparer la partie rouge de la noire : la bande, située un peu avant les deux tiers, tronquée presque en ligne droite à son bord postérieur, échancrée sur la suture à son bord antérieur, et anguleusement avancée vers le tiers interne et un peu moins vers les deux tiers de la largeur de chaque étui. *Poitrine* et *pieds* noirs, hérissés de poils blancs. *Ventre* d'un jaune rouge.

Cette espèce habite différentes zones de la France; mais elle est en général peu commune. On la trouve sur les vieux arbres, en battant les fagottiers, etc.

Obs. Hartig (*Jahresberichte,* 2e cahier, 1838, p. 181) dit avoir trouvé la larve de cet insecte dans des galeries pratiquées dans le chêne par des insectes lignivores.

Voici la description de cette larve, qu'a eu la bonté de nous communiquer M. Perris:

Long. 0^m,018 à 0^m,020.— Larg. 0^m,003 1/2.

CARACTÈRES. *Corps* charnu, subdéprimé, un peu atténué antérieurement, ordinairement un peu renflé à la région abdominale. Couleur générale d'un rose vif, presque rouge. *Tête* velue, cornée, d'un marron foncé, un peu plus longue que large, marquée au bord antérieur de fossettes arrondies, et sur le front de fossettes oblongues. *Epistome* membraneux se confondant avec le front; labre assez large, largement échancré et bordé de petits poils roux; mandibules fortes, arquées, pointues et noires, avec une protubérance interne et deux petites soies en dehors. *Dessous de la tête* revêtu d'une plaque cornée de la couleur du dessus, marqué de quatre sillons longitudinaux dont les deux intermédiaires un peu convergents en arrière. A l'extrémité antérieure de cette plaque règne une profonde rainure transversale qui la sépare d'une autre plaque subcoriace, testacée et en demi-ellipse transversal. Cette plaque, que traversent les deux sillons intermédiaires de la plaque précédente, et que limitent les deux sillons latéraux, porte le menton et les mâchoires. *Mâchoires* assez larges, lobe court, conique, hérissé de petites soies; *palpes maxillaires* de trois articles, le premier et le second d'égale longueur, le troisième aussi long ou parfois un peu plus, sensiblement plus grêle et en cône allongé; *lèvre inférieure* obtusément un peu saillante et surmontée de deux soies entre les deux *palpes labiaux* qui sont de deux articles, dont le premier un peu plus court que le second. Tous ces organes sont de couleur testacée pâle, avec du roux à la base des mâchoires, du menton, de la lèvre inférieure et des articles des palpes. *Antennes* de quatre articles : le premier un peu en cône tronqué et rétractile : le second de la longueur du précédent et cylindrique : le troisième égalant à peine la moitié du second et surmonté de poils : le quatrième très-grèle, de la longueur du troisième, terminé par un long poil et deux ou trois très-courts et accompagné à la base d'un petit article supplémentaire, visible surtout lorsqu'on regarde la larve de profil. Le premier article est blanchâtre, les autres roussâtres avec l'extrémité pâle. Au dessous des antennes on voit, sur chaque joue, cinq ocelles disposées en deux séries transversales et obliques : la supérieure de trois : l'inférieure de deux, un peu plus grands que les autres. *Prothorax* recouvert en dessus d'une sorte de plaque semi-discoïdale, luisante, subcornée, rousse, marquée d'un petit sillon longitudinal et noir qui n'atteint pas le bord antérieur. *Mésothorax* et *métathorax* munis de deux petites plaques semblables, formant sur chacun deux taches elliptiques. Ces trois segments sont velus et leur fond est d'un rose vif. *Abdomen* de la même couleur ou presque rouge, hérissé de poils fins et roussâtres et composé de neuf segments : les huit premiers parcourus latéralement par trois bourrelets assez saillants, dont l'intermédiaire paraît seul lorsque la larve a de l'embonpoint, et pourvus en dessus de deux boursouflures rétractiles qui servent à faciliter les mouvements de la larve : neuvième segment arrondi, velu, recouvert sur ses deux tiers postérieurs, sauf les côtés, et sur un espace à peu près circulaire, d'une plaque subcornée comme celle du prothorax, marquée de deux sillons rapprochés ou d'une rainure ; terminé par deux crochets marron foncé, d'abord droits, puis brusquement recourbés en haut. Dessous du segment ayant un mamelon pseudopode, rétractile, au centre duquel est l'anus.

Première paire des *stigmates* près du bord antérieur du mésothorax, les autres au tiers antérieur des huit premiers segments abdominaux.

J'ai trouvé assez souvent cette larve sous l'écorce de bûches de chêne où elle fait la guerre aux larves de *Callidium*, et sous celle de l'orme qui lui offre en pâture des larves de *Saperda punctata*, d'*Anthaxia manca* et de *Lampra* : comme la larve du *T. formicarius* à laquelle elle ressemble beaucoup, et celle d'autres clérites connues, avant de se transformer en nymphe elle s'enveloppe d'une matière gommeuse blanchâtre et papyracée.

Nymphe.

Elle est rose, parsemée de poils, et présente emmaillotée comme à l'ordinaire toutes les parties de l'insecte parfait ; son dernier segment est terminé par deux crochets recourbés en sens contraire, et dont l'extrémité est brune et un peu cornée.

Ed. Perris.

AA Front plus large que le diamètre transversal d'un œil.
B Yeux séparés du bord antérieur du prothorax par un espace à peu près égal au diamètre de l'un d'eux. Ongles munis d'une dent basilaire (s.-g. Thanasimus Latr.).

2. **T. formicarius;** Linné. *Tête noire. Prothorax noir sur son tiers antérieur, d'un rouge pâle postérieurement. Elytres rayées de deux stries longitudinales rapprochées, prolongées jusqu'aux deux tiers : l'interne, naissant de la fossette humérale ; d'un rouge pâle sur le sixième antérieur, noires postérieurement ; parées de deux bandes transversales d'un duvet blanc : l'antérieure vers le tiers de la longueur, sur la partie noire et bordée de noir en devant : la postérieure, un peu après les deux tiers. Dessous du corps d'un rouge pâle. Pieds noirs ; tarses en partie rougeâtres.*

Attelabus formicarius. Linné, Syst. nat. 10e édit. t. I. p. 377. 5. — Id. 12e édit. t. I. p. 620. 8.

Clerus formicarius. Fabr. Syst. entom. p. 157. 2. — Id. Syst. eleuth. t. I. p. 280. 5. — de Geer, Mém. t. V. p. 160. 3. pl. V. fig. 8 et 9. — Herbst, Naturs. t. VII. p. 208. 2. pl. CIX. 2. — Panz., Faun. Germ. 4. 8. — Oliv., Entom. t. IV. n° 76. p. 12. 13. pl. I. fig. 3. — Gyllenh., Ins. suec. t. I. p. 310. 1. — Schoenh., Syn. ins. t. II. p. 43. 3. — Sturm, Deustch. Faun. XI. p. 32. 5. pl. 231. — Ratzeb., Forstins. t. I. p. 33. pl. I. fig. 17. — Klug, Versuch *in* Abhandl. d. K. Akad. d. Wissensch. zu Berlin, 1842, p. 290. 7. — Id. tiré à part. p. 34. 6. — Bach, Kaeferfaun. 3e livr. p. 91. 2. — L. Redtenb., Faun. austr. 2e édit. p. 530.

Tillus formicarius. Latr., Hist. nat. t. IX. p. 144. 3.

Thanasimus formicarius. Latr., Gen. t. I. p. 270. 1. — Spinola, *Clérites.* t. I.

p. 187. 2. pl. XIV. fig. 2. — PERRIS, Ann. de la soc. entom de Fr. 3e série. t. 2. 1854. p. 606. — JACQUELIN DU VAL, Gener, pl. XLVIII. fig. 235. — ROUGET, Catal. 995.

,ong. 0m,0078 à 0m,0095 (3 1/2 à 4 1/4). — Larg. 0m,0015 à 0m,0028 (2/3 à 1 1/8).

Corps suballongé. *Tête* noire, densement ponctuée, hérissée de poils ›scurs. *Palpes* et *Antennes* noirs. *Prothorax* tronqué et sans rebord ι devant, tronqué et muni d'un mince rebord à la base, subparallèle ır près de la moitié antérieure de ses côtés (mais un peu entaillé vers sixième de ceux-ci), rétréci ensuite en ligne courbe jusqu'aux quatre nquièmes, subparallèle ensuite ; un peu plus long que large ; subdérimé sur le dos, convexement déclive sur les côtés ; creusé d'un sillon 'ansversal un peu arqué en arrière, naissant latéralement vers le xième et prolongé presque jusqu'au tiers sur la ligne médiane ; finelent ponctué, noir sur sa partie antérieure jusqu'au sillon transversal, 'un rouge pâle sur le reste ; hérissé de poils obscurs ou livides. *Ecusm* parallèle ; obstusément arrondi postérieurement ; plus large que ›ng ; d'un rouge pâle. *Elytres* deux fois et quart ou deux fois et demie ussi longues que le prothorax ; parallèles jusqu'aux deux tiers ou trois uarts, arrondies, prises ensemble, postérieurement ; peu convexes sur ɜ dos, convexement déclives sur les côtés ; d'un rouge pâle à la base, ıoires postérieurement : la partie rouge couvrant à peine le sixième anérieur sur la suture, un peu plus sur les côtés et anguleusement proongée en arrière sur le milieu de chaque étui, sérialement ponctuée, ıérissée de poils noirs ou obscurs : la partie noire revêtue d'un duvet oyeux très-noir, hérissée près de la suture d'une ou de deux rangées le poils noirs ; parée de deux bandes transversales de duvet blanc : la ›remière, reposant sur la partie noire et par là bordée de noir en de-/ant, peu développée dans le sens de la longueur, située vers le tiers ›u un peu plus de la longueur des étuis, onduleuse, formant souvent sur les côtés une tache blanche, et sur la suture, par sa réunion avec sa pareille, un arc dirigé en avant : la bande postérieure, située après les deux tiers, presque tronquée à son bord postérieur, ou faiblement sinuée de chaque côté de la suture, échancrée sur cette dernière à son bord antérieur, et un peu anguleusement avancée vers le quart interne de la largeur; marquées de deux stries longitudinales prolongées jusqu'aux deux tiers de leur longueur: l'interne naissant de la fossette humérale: l'externe, un peu moins avancée, voisine de la précédente : ces stries séparées par des points assez gros, après la première bande blanche. *Dessous du corps* d'un rouge flave. *Pieds* noirs. *Tarses* en partie rouges ou rougeâtres.

Cette espèce paraît habiter toutes les provinces de la France. Elle n'est pas rare en hiver et au commencement du printemps, sous les écorces, et dans les beaux jours, sur les arbres.

Obs. Elle se distingue facilement du *T. mutillarius*, par la largeur de son front et par les autres caractères indiqués.

Sahlberg (Insect. fenn. p. 108, var. C.), cite une variété à poitrine noire que nous ne connaissons pas, et qui doit vraisemblablement se rapporter à cette espèce plutôt qu'au *Th. rufipes*.

Petagna (Institut. entom. p. 224) a dit que cet insecte détruisait l'*Anabium pertinax*.

Hartig, le premier, a parlé de sa larve, ayant le corps de couleur rouge, et de sa nymphe (*Jahbresberitchte*, 2e cah. 1838, p. 181). Il avait trouvé la première dans les galeries creusées par les Bostriches, aux dépens desquels il supposait qu'elle vivait, et la seconde dans les retraites des larves de Porte-Becs.

M. Ratzeburg a décrit cet insecte et fait connaître sa larve et sa nymphe. (Forstinsect. t. I, 1839, p. 35, pl. 1, fig. 17, insecte parfait et détails. — Fig. 17, *c*. Larve. — Fig. 17, *g*. Nymphe. — Voyez aussi Erichson, Archiv. für. Naturg. 1841, p. 96. — Et Spinola, *Clérites* t. I, p. 49.)

Voici la description plus exacte de la larve donnée par M. Perris :

Larve.

Long. 0m,0180. — Larg. 0m,0025.

Corps charnu; subdéprimé, un peu plus atténué antérieurement parfois un peu renflé à la région abdominale. *Tête* velue, cornée, d'un marron foncé, un peu plus longue que large, marquée au bord antéur de fossettes arrondies, et sur le front de fossettes oblongues. *stome* membraneux, se confondant avec le front. *Labre* assez ge, largement mais très-faiblement échancré et bordé de petits poils ıx. *Mandibules* fortes, cornées, noires, avec une protubérance inne et deux petites soies au dehors. *Dessous de la tête* revêtu d'une que cornée, marquée de quatre sillons longitudinaux, dont les ıx intermédiaires un peu convergents; cette plaque formée par les ıchoires et le menton soudés ensemble. *Mâchoires* assez larges; à ıe court, conique, hérissé de petites soies à l'extrémité. *Palpes maxilres* de trois articles (et non de quatre comme le dit M. Ratzeburg); emier article sensiblement plus long que chacun des deux autres; deuxième plus court que le troisième, muni d'un poil extérieur; le ɔisième en cône allongé. *Lèvre inférieure* largement échancrée. *Palpes iaux* de deux articles, dont le premier un peu plus court que second. *Antennes* non de deux articles, comme l'affirme Erichson, de trois, comme l'avance M. Ratzeburg, mais de quatre articles: le emier, en cône tronqué et rétractile: le second aussi long que le écédent, un peu plus épais à l'extrémité qu'à la base, et rétractile ıssi: le troisième égalant à peine la moitié du précédent, cylindriıe et surmonté de poils: le quatrième très-grêle, de la longueur du oisième, terminé par un long poil et deux ou trois très-courts, et acɔmpagné à la base d'un petit article supplémentaire, et qui n'est visile que lorsqu'on regarde la larve de profil: tous ces organes roussâtres, rec le premier article des antennes blanchâtre. Au-dessous des annnes, sur chaque joue, cinq ocelles, disposés en deux séries transersales et obliques: la supérieure de trois; l'inférieure de deux, un eu plus grands que les autres. *Prothorax* recouvert en dessus d'une sorte e plaque semi-discoïdale, subcornée, d'un brun roussâtre, livide, maruée d'un petit sillon longitudinal, dont la moitié postérieure est noire. *lésothorax* et *Métathorax* munis de deux petites plaques semblables, ormant sur chacun d'eux deux taches elliptiques. Ces trois segments ont velus et leur fond est de couleur rose. *Abdomen* de même couleur; elu; les huit premiers segments parcourus latéralement par trois ɔourrelets assez saillants, dont l'intermédiaire paraît seul lorsque la larve a de l'embonpoint, et pourvus au dessus de deux boursouflures rétractiles, qui servent à faciliter les mouvements de la larve : neuvième segment arrondi, recouvert postérieurement sur un espace circulaire d'une plaque subcornée comme celle du prothorax ; marqué de deux fossettes contiguës, et terminé par deux crochets marron foncé, d'abord droits, puis brusquement recourbés en haut ; dessous du segment ayant un mamelon subconique, pseudopode, au centre duquel est l'anus, sous une apparence d'aiguillon. *Pattes* de quatre articles (et non de trois, comme le porte la description de Ratzeburg) ; trochanters bien visibles (et non cachés sous les fémurs, comme l'indique celle d'Erichson) ; hérissées, surtout à l'extrémité des tibias, de longues soies roussâtres, et terminées par un ongle subulé. *Stigmates* offrant leur première paire près du bord antérieur du mésothorax (et non sur le métathorax, comme le dit Erichson, d'après M. Spinola) : les autres, au tiers antérieur des huit premiers segments abdominaux.

Nymphe.

Elle est d'un rose tendre, et présente, comme à l'ordinaire, toutes les parties de l'insecte parfait. La tête, le prothorax et l'abdomen sont parsemés de poils nombreux et très-fins ; le dernier segment est terminé par deux papilles divergentes, coniques, peu allongées.

(PERRIS, Ins. du pin maritim., *Ann.* de la Soc. entom. de Fr., 3e série t. II, 1854, p. 605, pl. 18, fig. 269, larve 270-275 détails.)

Hartig et Ratzeburg ont considéré avec raison la *T. Formicarius* comme très-utile aux forêts. Sous sa forme parfaite, il attaque les petits insectes ennemis des arbres qu'ils rencontre sur leur surface, et dans les anfractuosités de leur écorce ; à l'état de larve, il vit, suivant M. Perris aux dépens des larves du *Tomicus Stenographus*, du *Melanophila tarda* de l'*Astynomus ædilis*, et sans doute de diverses autres larves lignivores. Cette larve, suivant l'habile observateur que nous venons de citer, détruit les intervalles des galeries pour atteindre des larves voisines et fait d'assez grands ravages dans leurs rangs. Quand cette proie de prédilection vient à lui manquer, elle se nourrit de matières excrémentielles déposées dans les galeries. Le moment de sa transformation étant venu, elle se creuse dans la vermoulure, et souvent dans l'épaisseur de l'écorce, une cellule elliptique qu'elle enduit d'une sorte de vernis blanc.

3. **T. rufipes**; BRAHM. *Tête noire. Prothorax noir sur son tiers antérieur, un rouge pâle postérieurement. Elytres sans strie longitudinale; d'un uge pâle sur le tiers antérieur, noires postérieurement; parées de deux ındes transversales, d'un duvet blanc: l'antérieure, vers le tiers de leur ngueur, sur la partie postérieure de la région rouge, non bordée de noir ı devant: la postérieure un peu après les deux tiers. Poitrine d'un rouge âle. Ventre noir. Pieds d'un rouge pâle: genoux souvent obscurs ou noiâtres.*

lerus rufipes. BRAHM, Verzeichnis, etc. in HOPPE's, Taschenb. 1797. p. 136. 3. — KLUG, *Clerii.* in Abhandl. d. K. Akad. d. Wissensch. zu Berlin. 1842. p. 292. 7. — Id. Tiré à part. p. 36. 7. — BACH, Kaeferfaun. 3e livr. p. 91. 3.
lerus formicarius. Var. B. GYLLEH., Ins. suec. t. I. p. 311. 1. — Id. t. IV. p. 334. Var. *d.* — SAHLB., Ins. fenn. 1822. p. 108.
lerus femoralis (DEJEAN), Catal. 1821. p. 41.
lerus substriatus. GEBLER, Notice, etc. *in* Nouv. Mémoires de la Soc. i. d. natur. de Mosc. t. II. 1832. p. 47. — STURM, Deutsch. Faun. t. XI. p. 34. 3.
Thanasimus formicarius. Var. A. SPINOLA, *Clérites.* t. I p. 189.
Thanasimus rufipes. J. DU VAL, Gener. p. 163.

Long. 0m,0067 (3). — Larg. 0m,0015 (2/8).

Corps suballongé. *Tête* noire, densemement ponctuée, hérissée de poils obscurs. *Palpes* et *Antennes* d'un rouge ou roux flave. *Prothorax* tronqué et sans rebord en devant; tronqué et rebordé à sa base; subparallèle sur la moitié antérieure de ses côtés, rétréci ensuite en ligne courbe jusqu'aux trois quarts, parallèle ensuite; plus long que large; subdéprimé sur le dos, convexement déclive sur les côtés; creusé d'un sillon transversal un peu arqué en arrière, naissant latéralement vers le sixième de sa longueur, et prolongé presque jusqu'au tiers de la ligne médiane; finement ponctué, noir, sur la partie antérieure jusqu'au sillon transversal, d'un rouge pâle sur le reste; hérissé de poils obscurs ou livides. *Ecusson* parallèle, aussi large que long; obtusément arrondi postérieurement, d'un rouge pâle. *Elytres* deux fois et quart à deux fois et demie aussi longues que le prothorax; parallèles jusqu'aux deux tiers ou trois quarts; arrondies, prises ensemble postérieurement; peu convexes sur le dos, convexement déclives sur les côtés; d'un rouge pâle à la base, noires postérieurement : la parti rouge couvrant près du tiers antérieur de leur longueur ou la sutur et un peu plus sur les côtés; grossièrement ou presque sérialement ponc tuées; hérissées, de poils obsurs : la partie noire revêtue d'un duve soyeux, hérissée près de la suture, d'une ou de deux rangées de poil noirs; parée de deux bandes transversales, communes, de duvet blanc la première sur la partie rouge, et non bordée de noir en devant grêle, servant de bordure à la partie rouge, onduleuse, arquée en de-vant sur la suture; la postérieure, plus fournie, plus développée aboutissant vers les trois quarts du bord externe, échancrée à son bor antérieur, sur la suture, et un peu anguleuse au devant, aux côtés d cette échancrure, sans stries naissant de la fossette humérale, mai marquées dans cette direction, après la bande blanche antérieure, d deux rangées irrégulières de gros points prolongées jusqu'aux deu tiers de leur longueur. *Dessous du corps* pubescent, obscur sur la poi-trine, d'un rouge ou roux flave sur le ventre. *Pieds* de cette dernièr couleur.

Cette espèce paraît rare en France. On la trouve quelquefois dans le parties orientales.

Obs. Elle se distingue du *Th. formicarius* par sa taille ordinairemen plus faible, par les palpes, la majeure partie de ses antennes, le tier antérieur de ses élytres, ses pieds, d'un rouge pâle; par sa poitrin noire.

Les élytres étant rouges sur leur tiers antérieur, la première band blanche se trouve sur un fond de cette couleur, et n'est pas précédé d'une bordure noire comme chez le *Th. formicarius*. Les étuis n'offren pas, comme chez ce dernier, deux stries, dont l'interne naît de la fos-sette humérale; ils sont plus irrégulièrement et uniformément mar-qués de gros points sur la partie basilaire rouge, et ils offrent, après la première bande blanche, deux rangées irrégulières de points assez gros, prolongées jusqu'aux deux tiers.

4. **T. quadrimaculatus**; SCHALLER. *Partie antérieure de la tête, antennes, prothorax et partie au moins des pieds, rouges : partie postérieure de la tête, dessous du corps et élytres, noirs; celles-ci marquées de rangées*

triales de points sur leur moitié antérieure ; parées chacune de deux taches u bandes transverses, blanches, n'arrivant ni à la suture ni au bord exerne : l'une, vers le tiers ; l'autre vers les trois quarts de leur longueur.

Attelabus quadrimaculatus. SCHALLER, *in* Abhandl d. Hall. Naturf. Gesell. t. I. p. 288.

Clerus quadrimaculatus. FABR., Mant. t. I. p. 125. 7. — Id. Syst. eleuth. t. I. p. 281. 8. — PANZ., Faun. Germ. 43. 15. — HERBST, Naturs. t. VII. p. 213. 9. — STURM, Deutsch. Faun. XI. p. 36. 4. — KLUG, *Clerii*. in Abhandl. de k. Akad. d. Wissensch. zu Berlin. 1842. p. 308 52. — Id. tiré à part. p. 52. 52. — BACH, Kaeferf. t. III. p. 91. — PERRIS, Ann. de la soc. entom. de Fr. 1854. p. 607. — L. REDTENB., Faun. austr. 2e édit. p. 550.

Thanasimus quadrimaculatus. SPINOLA, *Clérites*. t. I. p. 192. 5. pl. XV. fig. 3.

Thanasimus (Allonyx) quadrimaculatus. J. DU VAL, Gen. t. III. p. 196. pl. XLVIII. fig. 240.

Long. 0,0036 à 0,0045 (1 2|3 à 2). — Larg. 0,0009 à 0,0013 (2|5 à 2|5).

Corps suballongé. *Tête* marquée de points médiocrement rapprochés, donnant chacun naissance à un poil noir ; offrant entre les antennes une faible impression arquée ; noire, avec l'épistome et le labre d'un rouge testacé. *Mandibules* noires dans leur seconde moitié. *Palpes* d'un rouge testacé, avec le dernier article parfois obscur. *Yeux* noirs, un peu obliquement transverses. *Antennes* noires, hérissées de poils, et avec le dernier article d'un rouge testacé sur ses deux derniers tiers. *Prothorax* tronqué et sans rebord en devant ; tronqué et rebordé à sa base ; un peu élargi en ligne courbe jusqu'aux deux cinquièmes, rétréci ensuite jusqu'aux quatre cinquièmes, subparallèle ensuite ; de près d'un tiers plus étroit à la base qu'en devant ; plus long sur la ligne médiane que large vers les deux cinquièmes de ses côtés ; médiocrement convexe ; obsolètement marqué de points donnant chacun naissance à un poil noir, hérissé ; noté d'un sillon en angle dirigé en arrière, naissant des angles de devant et prolongé jusqu'au tiers de la ligne médiane ; rayé d'un sillon transversal étroit au devant du rebord basilaire ; d'un roug flave. *Ecusson* noirâtre. *Elytres* débordant la base du prothorax du tiers de la largeur de chacune ; trois fois environ aussi longues que lui ; parallèles jusqu'aux deux tiers, arrondies, prises ensemble, à l'extrémité ; peu convexes sur le dos ; sérialement ponctuées : ces points donnent chacun naissance à un poil obscur et couché, et à deux ou trois rangées de poils noirs, très clair-semés, hérissés; d'un noir bleuâtre; parées chacune de deux taches ou bandes transverses blanches n'arrivant pas à la suture : l'antérieure, vers le quart ou un peu plus de leur longueur, ordinairement étendue jusqu'au rebord marginal : la postérieure, un peu avant les trois quarts, un peu oblique, plus distante du bord externe que de la suture. *Dessous du corps* d'un rouge flave ou testacé sur l'antépectus, d'un noir bleuâtre sur le reste; garni de poils livides assez fins. *Pieds* garnis ou hérissés de longs poils, en partie livides, en partie noirs; cuisses d'un noir bleuâtre, avec la base d'un rouge testacé ou foncé; tibias et tarses de cette même couleur.

Cette espèce se montre sous différentes zones de notre pays, on la trouve sur les pins. Elle est d'une agilité extrême; court sur les écorces avec rapidité, et s'envole avec prestesse lorsqu'on cherche à la saisir.

M. Perris a fait connaître la larve de cet insecte, dont il a donné la description suivante :

Larve.

Long. 0,0090. — Larg. 0,0015.

Semblable à la larve du *Th. formicarius*, dont, à part la taille, elle a tous les caractères organiques. Elle en diffère par les particularités suivantes :

Tete marquée de quatre sillons longitudinaux, dont les deux intermédiaires, plus longs que les autres, n'atteignent pas le vertex. *Plaque cornée du prothorax* subtriangulaire et n'occupant pas le bord antérieur. *Corps* d'un gris livide, teint ou marbré de rougeâtre : crochets du dernier segment ferrugineux :

(Perris, *Ann.* de la Soc. entom. de Fr., 3e série, t. II, 1854, p. 607, pl. 18, fig. 276.)

Ce savant observateur ajoute : Cette larve vit tantôt sous l'écorce des jeunes pins morts, où elle se nourrit des larves xylophages qui s'y trouvent, tantôt sous les premières couches corticales des vieux pins vivants, où elle dévore les chenilles des Tinéites qui y creusent leurs galeries. Je l'ai élevée chez moi, parmi des vermoulures entremêlées de larves de Bostriches, et j'en ai obtenu l'insecte parfait.

Genre *Opilus*, Opile, Latreille.

(ὀπίλο, nom donné par les anciens à un oiseau qui nous est inconnu.)

Latreille. Hist. nat. des crust. et des insect. t. IX, 1804, p. 148.

Caractères. *Tête* aussi large que longue; subperpendiculaire. *Yeux* à fossettes grossières; transverses; assez faiblement échancrés à leur partie antérieure. *Antennes* insérées au devant de l'échancrure des yeux et à peu près dans cette échancrure, sous un faible rebord des joues; à peine aussi longuement ou à peine plus longuement prolongées que les angles postérieurs du prothorax; de onze articles : les huit premiers presque d'égale grosseur ou grossissant graduellement d'une manière peu sensible : les trois derniers, comprimés, graduellement plus larges : les neuvième et dixième, obtriangulaires : le onzième, plus grand, presque en parallélipipède longitudinal, terminé en pointe à son angle antéro-interne. *Labre* transverse, échancré à son bord antérieur. *Palpes maxillaires* et *palpes labiaux* presque également allongés; à dernier article fortement sécuriforme. *Prothorax* au moins aussi long que large; rétréci à partir de la moitié ou des trois cinquièmes de ses côtés; parallèle sur le sixième ou cinquième postérieur; marqué en dessus d'un sillon transversal croisant la ligne médiane du quart au tiers. *Elytres* débordant la base du prothorax du tiers environ de la largeur de chacune; voilant l'abdomen. *Ventre* de six arceaux. *Tarses* postérieurs moins longs que le tibia; de cinq articles, mais dont le premier est caché en dessus par le second et n'est visible qu'en dessous; à dernier article moins long que le deuxième; celui-ci, presque aussi long que les deux suivants réunis. *Ongles* simples.

Les Opiles, comme les insectes précédents, se rencontrent sur les vieux arbres, ou sous les écorces, principalement de ceux qui sont morts; on les trouve parfois dans les maisons. La robe de la plupart des espèces de nos contrées se rapproche de la couleur du bois, en offrant quelques taches blanchâtres. Les larves se nourrissent aux dépens de celles qui vivent de matières ligneuses ou corticales.

1. **O. mollis**; Linné. *Dessus du corps hérissé de poils; d'un noir brun*

ou brun noir. Prothorax d'un fauve roussâtre en devant. Elytres striément ponctuées sur plus de leur moitié antérieure; chargées d'une ligne élevée dans la direction du calus; parées chacune de trois taches disposées en rangée oblique, depuis le calus huméral jusqu'aux deux septièmes voisins de la suture, d'une bande transverse paraissant composée de deux taches, vers le milieu de leur longueur, et d'une tache apicale, d'un flave livide: ces divers signes ne dépassent pas la rangée juxta-suturale. Tibias postérieurs incourbés à l'extrémité.

♂ Sixième arceau ventral ordinairement rayé de deux sillons longitudinaux; tronqué à son extrémité.

♀ Sixième arceau ventral creusé d'une fossette; en arc dirigé en arrière à son bord postérieur.

Attelabus mollis. LINN., Syst. nat. 10e édit. t. I. p. 388. 8. — Id. 12e édit. t. I. p. 621. 11. — LAICHART., Tyr. ins. t. I. p. 246. 3.

Le clairon porte-croix. GEOFFR., Hist. t. I. p. 303. 3.

Clerus fuscofasciatus. DE GEER., Mem. t. V. p. 159. 2. pl. 5. fig. 6.

Notoxus mollis. FABR., Syst. entom. p. 158. 1 — Id. Syst. eleuth. t. I. p. 287. 3. — RŒMER, Gener. p. 45. 44. pl. XXXIV. fig. 21. — PANZ., Faun. Germ. 5. 3. — GYLLENH., Ins. suec. t. I. p. 312. 1. — SCHŒNH., Syn. ins. t. II. p. 52. 3. — STURM, Deutsch. Faun. t. XI. p. 14. 1. pl. CCXXIX. fig. *a*. M. — SPINOLA, *Clérites*. t. I. p. 221. 5. pl. XIX. fig. 4.

Dermestes mollis. SCHRANK., Enum. p. 22. 37.

Clerus mollis. OLIV., Entom. t. IV. n° 76. p. 10. 10. pl. I. fig. 10. — HERBST, Naturs. t. VII. p. 210. 4. pl. CIX. fig. 4. — DONOV., Brit. ins. t. XII. p. 49. pl. CCCCXI. fig. 1.

Opilo mollis. LATR., Hist. nat. t. IX. p. 149. 1. pl. LXVII. fig. 3.

Opilus mollis. SAMOUELLE, Entom. Usef. p. 166. pl. XII. fig. 1. — STEPH., Man p. 197. 1563. — SUCKARD, Brit. Coleopt. pl. LII. fig. 5. — KLUG, *Clerii. in* Abhandl. d. k. Akad. d. Wissensch. zu Berlin, 1842. p. 318. 2. — Id. Tiré à part p. 62. 2. — PERRIS, Ann. de la soc. entom. de Fr. 3e série. t. II. p. 610. — BACH, Kaeferfaun. 3e livr. p. 91. 1. — L. REDTENB., Faun. austr. 2e édit. p. 550 — ROUGET, Catal. 996. — J. DU VAL, Gener. t. III. p. 163.

ETAT NORMAL. *Elytres* brunes ou d'un brun noirâtre, parées chacun[e] de trois taches en rangée oblique, d'une bande transverse et d'un[e] tache apicale, d'un flave livide ou d'un livide flave ou roussâtre: ce[s] divers signes ne dépassent pas la rangée de points juxta-suturale: le[s] trois taches antérieures oblongues, liées ou presque liées ensemble constituant une rangée prolongée obliquement depuis le calus huméral, jusqu'aux deux septièmes voisins de la suture : la tache externe sur le calus : la médiaire, plus postérieure, entre les quatrième et cinquième rangées : l'interne, plus postérieure encore, entre la première et la troisième rangée : la bande transverse, couvrant de la moitié aux deux tiers de leur longueur, paraissant ordinairement composée de deux taches accolées : l'interne, étendue entre la troisième rangée de points et la sixième : l'externe, de celle-ci jusqu'au rebord latéral : la tache apicale, couvrant le sixième postérieur, moins l'espace compris entre la première rangée et la suture, formant avec la pareille un arc dirigé en avant et entaillé sur la suture.

Obs. Quand la matière colorante a été moins abondante, la couleur foncière passe du brun au brun rougeâtre ou au fauve ; la bande transverse est quelquefois formée de deux taches à peine unies dans le milieu de leur côté contigu ; d'autres fois, au contraire, elle semble constituer une bande presque uniforme.

Var. α. *Elytres d'un livide flave ou d'un flave livide sur leur moitié postérieure ou un peu plus.*

Long. $0^m,0090$ à $0^m,0100$ (4 l. à 4 l. 1|2). — Larg. $0^m,0014$ à $0^m,0017$ (2|3 à 3|4) à la base ; $0^m,0022$ à $0^m,0026$ (1 l. à 1 l. 1|4) dans leur diamètre le plus grand.

Corps allongé. *Tête* densement ponctuée ; hérissée de poils d'un fauve livide ; brune, avec l'épistome d'un rouge brunâtre et le labre d'un flave rougeâtre. *Mandibules* d'un rouge brunâtre à la base, noires à l'extrémité. *Palpes* d'un flave roussâtre. *Yeux* subtransverses ; noirs ; à grosses facettes. *Antennes* prolongées à peu près jusqu'aux angles postérieurs du prothorax ; d'un jaunâtre livide ; hérissées de poils livides. *Prothorax* tronqué et sans rebord, en devant ; tronqué et à peine rebordé à la base ; subparallèle jusqu'aux quatre septièmes de sa longueur (mais sinué vers le cinquième ou un peu plus), rétréci ensuite jusqu'aux quatre cinquièmes, subparallèle postérieurement ; médiocrement convexe ; marqué d'un sillon transversal en arc ou en angle dirigé en arrière, naissant près des angles de devant et prolongé jusqu'au tiers de la ligne médiane, et continué ensuite en forme de fossette ou de sillon raccourci, jusqu'à plus de la moitié de la ligne médiane et quelquefois jusque près de la base; creusé au devant de celle-ci d'un sillon transversal; de moitié plus long sur la ligne médiane que large en devant; marqué de points rapprochés et un peu râpeux, donnant chacun naissance à un poil hérissé, d'un fauve livide; variant du noir au noir brun, au brun rouge testacé ou au rouge testacé nébuleux, avec la partie médiane antérieure d'un fauve roussâtre ou testacé. *Ecusson* d'un rouge testacé ou obscur. *Elytres* trois fois et quart aussi longues que le prothorax; subgraduellement élargies jusqu'aux trois quarts; arrondies, prises ensemble, à l'extrémité; peu convexes sur le dos; subdéprimées sur la suture, après l'écusson; creusées d'une fossette humérale; à dix rangées striales de points, obsolètes sur les deux derniers cinquièmes, et donnant chacune naissance à un poil fin, hérissé, fauve ou d'un fauve livide; chargées, en dehors de la sixième rangée, d'une ligne élevée, nulle ou affaiblie en devant, et prolongée jusqu'aux cinq sixièmes de leur longueur; parfois avec la base du troisième intervalle obtusément saillant en devant; colorées et peintes comme il a été dit. *Dessous du corps* densement ponctué sur la poitrine; marqué de points plus unis et moins rapprochés sur le ventre; garni de poils fins et livides. *Poitrine* variant du brun noir au rouge brunâtre sur les médi et postpectus, avec les postépisternums et la majeure partie de l'antépectus, d'un rouge ou flave testacé. *Ventre* d'un rouge flave ou d'un roux orangé. *Pieds* garnis ou hérissés de longs poils : cuisses livides à la base, brunes ou brunâtres sur leur seconde moitié : tibias et tarses d'un rouge testacé livide : tibias postérieurs, et faiblement les intermédiaires, incourbés à l'extrémité.

Cette espèce paraît habiter toutes nos provinces. On la trouve sous les écorces des chênes, au milieu des dépouilles dont elle paraît se nourrir. On la rencontre aussi parfois sur les poutres de nos greniers ou de nos appartements, où elle vit aux dépens des Anobies.

M. Schlotthauber a signalé ses habitudes chasseresses; M. Saxesen a trouvé sa nymphe dans le berceau de celle du *Pissodes Hercyniae*, et M. Hartig dans celle du *Pissodes notatus* (Ratzeburg, Forst insect., t. I., page 36).

Sa larve, suivant M. Perris, se trouve dans les sarments de vigne morte, où elle fait la chasse aux larves du *Xylopertha sinuata*. Elle habite aussi les jeunes pousses mortes du pin, où elle attaque les larves de l'*Anobium molle*, et sous l'écorce du même arbre, où elle dévore celles des *Tomicus bidens* et *laricis*. Dans nos poutres, elle se glisse dans les trous de l'*Anobium pertinax*.

Cette larve a été trouvée, par M. Waterhouse, dans les parties mortes du chêne, et décrite par ce savant. (The Transact. of the entomolog. Soc. of London, t. I (1836), p. 30, pl. V, fig. 1 et détails.)

Voici la description plus parfaite qu'a donnée, de cette larve, M. Perris.

Larve.

Long. 0m,0012 à 0m,0018. — Larg. 0m,0023.

Corps charnu, subdéprimé, un peu atténué antérieurement, un peu renflé à la région abdominale; couvert de poils roussâtres, plus touffus et plus longs que chez la larve du *Th. formicarius*. *Tête* aplatie, cornée, ferrugineuse, luisante, marquée en dessus de quatre sillons irréguliers et ponctués, et en dessous de quatre sillons, comme dans les larves de *Thanasimus*, avec cette différence que les deux latéraux sont plus courts. *Epistome* transversal. *Labre* semi-discoïdal. *Mandibules* pointues et noires. *Mâchoires* courtes, échancrées en dedans. *Labre* surmonté de spinules cornées assez longues. *Palpes maxillaires* de trois articles, dont le second porte extérieurement une soie. *Menton* arrondi. *Lèvre inférieure* courte, faiblement échancrée. *Palpes labiaux* de deux articles. *Antennes* de quatre articles; conformées exactement comme celles de la larve du *Th. formicarius*, avec le petit article supplémentaire sur le troisième article, contre le quatrième : tous ces organes roussâtres, avec les articulations un peu plus pâles. *Ocelles* au nombre de cinq, disposés comme dans les larves précédentes, mais paraissant tous égaux. *Corps* d'un testacé clair et livide, plus pâle en dessous. *Prothorax* à bord antérieur membraneux, puis revêtu, dans toute son étendue dorsale, sauf les angles postérieurs, d'une sorte de carapace cornée, luisante et d'un ferrugineux terne. *Mésothorax* et *métathorax* ayant deux petites plaques semblables et à peu près elliptiques. *Abdomen* pourvu de bourrelets latéraux et de boursouflures rétractiles que présentent les larves des espèces précédentes : dernier segment assez grand, subcorné, ferrugineux, plus étroit à la base qu'à l'extrémité, où il se termine par deux crochets cornés et ferrugineux, qui, vus de face, paraissent obtus et arqués l'un vers l'autre, et, vus de profil, sont à peu près droits, avec le bout recourbé en haut et acéré. *En dessous*, un mamelon anal et rétractile. *Pattes* et *stigmates* comme chez les larves des *Th. formicarius* et *quadrimaculatus*.

(Ann. de la soc. entom. de Fr., 3e série, t. II, 1854, p. 608, pl. 18, fig. 277. — Larve 278-283, détails).

Voyez aussi Chapuis et Candèze, *Catalogue des Larves des Coléoptères*, p. 167.

2. **O. domesticus**; Sturm. *Dessus du corps hérissé de poils; d'un noir brun ou brun noir. Prothorax d'un fauve roussâtre en devant. Elytres sérialement ponctuées jusqu'à la tache apicale; parées chacune d'une tache humérale couvrant la moitié externe de la base, d'une bande transverse vers le milieu de leur longueur, et d'une tache apicale, d'un flave livide : celle-ci, arrivant à l'angle sutural : la bande, ne dépassant pas la rangée juxta-suturale. Tibias postérieurs droits.*

Notoxus domesticus. Sturm, Deutsch. Faun. XI. p. 16. 2. pl. CCXXIX. fig. n-p.
Opilus domesticus. Klug, *Clerii*, in Abhandl. d. K. Akad. d. Wissensch. zu Berlin, 1842. p. 320. 3. — Id. tiré à part. p. 64. 3. — Bach, Kaeferfaun. t. III. p. 91. 2. — L. Redtenb., Faun. aust. 2e édit. p. 550. — J. du Val, Gener. 17. 49. fig. 241.
Notoxus mollis. Var. A. Spinola, *Clérites*. t. I. p. 222. pl. XIX. fig. 5.

État normal. *Elytres* brunes ou d'un brun noirâtre, parées chacune d'une tache basilaire, d'une tache ou bande transverse et d'une tache apicale, d'un flave livide ou d'un livide flave ou roussâtre : la tache basilaire, couvrant depuis le troisième intervalle à partir de la suture, jusqu'à l'épaule, presque en carré un peu long, obliquement coupée à son bord postérieur, plus courte à son côté externe qu'à l'interne : la bande, située vers la moitié de la longueur, dont elle couvre environ le cinquième médiaire de la longueur, étendue depuis le bord externe usqu'à la strie juxta-suturale : la tache apicale, couvrant le septième ou e huitième postérieur, subarrondie à son bord antérieur, étendue depuis le bord externe jusqu'au rebord sutural, ou même jusqu'à la suture, à l'angle sutural.

Obs. Quand la matière colorante brune a plus ou moins fait défaut, les élytres présentent des variations diverses. On peut les réduire aux suivantes :

Var. α. *Elytres d'un livide flavescent sur leurs quatre septièmes antérieurs, moins la tache scutellaire brune, colorées sur le reste comme dans l'état normal.*

Var. β. *Elytres d'un livide flavescent ou roussâtre, parées d'une tache scutellaire carrée brune ou noirâtre.*

Long. 0m,0067 à 0m,0078 (3 l. à 3 l. 1/2). — Larg. 0m,0011 à 0m,0013 (1/2 à 3/5) à la base des élytres ; 0m,0014 à 0m,0018 (2/3 à 4/5).

Corps allongé. *Tête* densement ponctuée ; hérissée de poils fins et livides ; marquée d'une fossette vers le milieu du front ; noire ou brune. *Labre* d'un livide roussâtre. *Mandibules* d'un rouge testacé à la base, noires à l'extrémité. *Palpes* d'un flave roussâtre. *Antennes* rousses, avec la massue plus jaunâtre, hérissée de poils livides. *Prothorax* tronqué et sans rebord en devant, tronqué et rebordé à sa base ; subparallèle jusqu'aux deux tiers, rétréci ensuite jusqu'aux quatre cinquièmes, subparallèle postérieurement ; médiocrement convexe ; marqué d'un sillon un peu obsolète, en angle dirigé en arrière, naissant des angles de devant et prolongé jusqu'au tiers de la ligne médiane, ordinairement continué sur cette ligne par une fossette ou un sillon court et obsolète ; creusé au devant de la base d'un sillon transversal peu profond ; d'un tiers plus long qu'il est large en devant ; densement ponctué ; offrant ordinairement, sur la ligne médiane, les traces d'une raie étroite ; hérissé de poils livides ; brun, avec la partie médiane antérieure d'un flave roux. *Ecusson* obscur. *Elytres* trois fois et demie environ aussi longues que le prothorax ; subgraduellement élargies jusqu'aux trois quarts ou un peu plus, obtusément arrondies, prises ensemble, à l'extrémité; peu convexes sur le dos; déprimées sur la suture après l'écusson; creusées d'une fossette humérale étroite, à dix rangées striales de points, obsolètes sur le dernier septième, c'est-à-dire sur la tache apicale; ces points donnant chacun naissance à un poil fin, hérissé; peintes et colorées comme il a été dit. *Dessous du corps* d'un roux brunâtre sur la poitrine, souvent d'un roux flave sur le ventre; garni de poils livides. *Pieds* hérissés de poils livides. *Cuisses* livides sur leurs deux tiers basilaires, noires ou brunes à l'extrémité: tibias bruns à la base et sur l'arête externe, d'un roux livide sur le reste; non incourbés à l'extrémité. *Tarses* d'un roux livide vers le milieu du dessus des articles obscurs.

Cette espèce, moins commune que la précédente, se trouve dans les maisons. La larve paraît y vivre aux dépens de l'*Anobium domesticum*, Fourcroy. On rencontre aussi l'insecte sous les écorces de différents arbres, sous lesquelles dans son jeune âge il décime diverses larves lignivores.

Obs. L'*O. domesticus* se distingue de l'*O. mollis*, par une taille ordinairement un peu moins avantageuse; par son prothorax, moins long, plus longuement parallèle sur le côté, marqué de sillons plus obsolètes; par ses élytres plus parallèles, moins arrondies ou un peu tronquées sur la moitié interne de l'extrémité; marquées de rangées sériales de points, prolongées jusqu'à la tache apicale blanchâtre; sans ligne longitudinale saillante dans la direction du calus huméral; parées chacune d'une tache humérale couvrant la moitié externe de la base, au lieu d'avoir une rangée oblique composée de trois taches; par la tache apicale plus courte, ordinairement arquée sur chaque élytre, plus rapprochée de la suture en devant, et arrivant même postérieurement jusqu'à l'angle sutural; par ses cuisses livides sur une plus grande étendue basilaire, et par ses tibias bruns à la base, et non incourbés à l'extrémité.

MM. Chapuis et Candèze (*Catalogue des larves des coléoptères*, p. 166, pl. VI, fig. 2) ont figuré et décrit la larve de l'*O. domesticus* en signalant les différences qui la distinguent de celle de l'espèce précédente. Voici cette description :

Long. $0^m,0014$.

Couleur générale d'un violet terne, plus ou moins obscur. *Tête, Prothorax, extrémité du dernier segment abdominal*, d'un brun rougeâtre : les deux derniers segments thoraciques et les six premiers segments abdominaux ornés, comme dans l'*O. mollis*, de quatre taches d'un rouge vif : segment terminal conique, armé de deux cornes cylindrique, striées transversalement et terminées par une petite pointe aiguë, droite, dirigée vers la région dorsale. Tout le corps est recouvert de longs poils hérissés, roussâtres et brillants, plus nombreux que dans l'*O. mollis* : ces poils sont courts et blanchâtres à la face ventrale.

MM. Chapuis et Candèze ont trouvé cette larve dans les tiges d'osier desséchées d'un panier abandonné dans un grenier. Elles vivaient en compagnie des larves de la *Gracilia pygmaea*, dont probablement elles se nourrissaient. Ces larves trouvées au printemps se changèrent en nymphes dans le courant de l'été, et deux ou trois mois après en insectes parfaits.

M. Letzner a trouvé la nymphe de l'*O. domesticus* dans un pieu de pin, dans lequel étaient logés des *Xyletinus pectinatus* (Bericht d. Schles. Gesellsch., 1857, p. 12, Jakrsbericht, p. 122).

3. **O. pallidus**; Olivier. *Corps hérissé de poils en dessus ; entièrement d'un flave roussâtre, avec les yeux et l'extrémité des mandibules, noirs. Elytres sérialement ponctuées presque jusqu'à l'extrémité ; marquées chacune, près de la suture, des trois aux quatre cinquièmes de leur longueur, d'une tache ovalaire nébuleuse, souvent indistincte. Tibias postérieurs droits.*

Notoxus schaedia? Rossi, Faun. etrusc. t. 1. p. 140. 353.
Clerus pallidus. Oliv., Encycl. méth. t. VI. p. 17. 21. — Id. Entom. t. IV. n° 76. p. 11. 11. pl. I. fig. 11.
Notoxus pallidus, Sturm, Deutsch. Faun. XI. p. 18. 3.
Opilus pallidus, Klug, *Clerii*, *in* Abhandl. d. K. Akad. d. Wissensch. zu Berlin, 1842. p. 320. 4. — Id. tiré à part. p. 64. 4.
Notoxus mollis. Spinola, *Clérites*. t. I. p. 222. 5. var. D. pl. VIII. fig. 2.

Long. 0m,0090 (4 l.). — Larg. 0m,0022 (1 l.) à la base des élytres; 0m,0029 à 0m,0033 (1 l. 2/3 à 1 l. 1/2) vers les trois quarts de la longueur de celle-ci.

Corps allongé. *Tête* blonde ou d'un roux flave, obsolètement ponctuée, hérissée de poils blonds; extrémité des mandibules noire. *Yeux* noirs ou d'un noir gris, à peine échancrés. *Antennes* blondes, hérissées de longs poils. *Prothorax* tronqué et sans rebord en devant; tronqué et rebordé à la base; subparallèle jusqu'aux quatre septièmes de sa longueur (mais sinué ou rétréci vers le cinquième ou un peu plus sur les côtés), rétréci ensuite jusqu'aux quatre septièmes, subparallèle ensuite; médiocrement convexe; marqué d'un sillon à angle dirigé en arrière, naissant des angles de devant et prolongé jusqu'au tiers de la ligne médiane où il est continué, jusqu'à plus de la moitié de cette ligne, par une fossette ou un sillon; creusé au devant de la base d'un sillon transversal, d'un tiers plus long sur la ligne médiane que large en devant, obsolètement ponctué, blond, hérissé de poils concolores. *Ecusson* blond. *Elytres* près de quatre fois aussi longues que le prothorax; subgraduellement élargies jusqu'aux deux tiers ou un peu plus; arrondies, prises ensemble, à l'extrémité; peu convexes sur le dos; creusées d'une fossette humérale médiocrement profonde; déprimées sur la suture après l'écusson; à dix rangées striales de points, prolongées presque jusqu'à l'extrémité : ces points donnant chacun naissance à un poil d'un blond livide; blondes ou de flave roussâtre, ordinairement marquées d'une tache oblongue ou en ovale allongé, nébuleuse, située des trois aux quatre cinquièmes de leur longueur, plus près de la suture que du bord externe, mais souvent indistincte. *Dessous du corps* et *pieds* de la couleur des élytres; garnis ou hérissés de poils fins, d'un blond livide.

Cette espèce paraît habiter la plupart des parties de la France; on la trouve dans les environs de Paris, de Lyon et de Bordeaux. On l'obtient en battant les chênes, etc.

Obs. Suivant Olivier, le prothorax serait parfois nébuleux ou obscur.

O. dorsalis; LUCAS. *D'un noir brun ou brun noir; hérissé de longs poils livides ou d'un livide roussâtre. Prothorax obsolètement ponctué; mar-*

ué sur sa ligne médiane d'un sillon prolongé depuis le sillon transversal usqu'aux trois cinquièmes de sa longueur. Elytres parées d'une bande ransversale blanche, couvrant de la moitié presque aux cinq sixièmes de eur longueur, laissant brun le rebord sutural; marquées jusqu'à cette ande de rangées sériales de gros points, moins grossièrement et irréguliè-ement ponctuées sur leur partie postérieure.

Notoxus dimidiatus? LAPORTE, Etudes entom. *in* Revue entomol. de Silbermann. t. IV. 1836. p. 42. 2.
Opilus dorsalis. LUCAS, Ann. de la Soc. entom. de Fr., 2e série. t. I. 1843. p. XXIV. — Id. Expl. sc. de l'Algérie. p. 203. 533. pl. XX. fig. 3.

Long. 0^m,0202 (9 l.). — Larg. 0^m,0030 (1 l. 2/5).

Corps allongé, peu convexe. *Tête* densement et anguleusement ponctuée, hérissée de longs poils livides; d'un brun noir. *Epistome* et *labre* moins obscurs. *Palpes* d'un roux livide, souvent un peu brunâtre. *Antennes* pubescentes, brunes ou d'un brun noir, à premier article d'un rouge brunâtre. *Prothorax* tronqué et sans rebord en devant; tronqué et muni d'un double rebord à la base; parallèle sur les côtés jusqu'aux trois cinquièmes, rétréci ensuite en ligne courbe jusqu'aux quatre cinquièmes, parallèle postérieurement; d'un quart plus long sur la ligne médiane que large en devant; très-médiocrement convexe; marqué d'un sillon transveral en angle très-ouvert et dirigé en arrière, naissant un peu après les angles de devant et croisant la ligne médiane vers le quart de la longueur de celle-ci; rayé sur sa ligne médiane d'un sillon profond depuis l'angle du sillon transversal jusqu'aux trois cinquièmes de sa longueur; marqué de points peu profonds, ou un peu obsolètes, donnant chacun naissance à un poil livide hérissé; d'un noir bleu, d'un brun noir ou d'un brun rougeâtre. *Ecusson* aussi long que large, arrondi postérieurement; relevé en rebord sur les côtés et à sa partie postérieure, concave sur son disque; brun. *Elytres* trois fois aussi longues que le prothorax; faiblement élargies jusqu'aux deux tiers ou un peu plus, obtusément arrondies, prises ensemble, postérieurement; peu convexes; brunes ou d'un brun noir; parées d'une bande transversale blanche, couvrant de la moitié ou un peu plus aux quatre sixièmes ou un peu moins de leur longueur : cette bande laissant le rebord sutural brun, et émettant (au moins chez la ♀), dans le milieu de son bord postérieur, un court prolongement linéaire ; marquées au devant de cette bande, de rangées sériales de gros points, et moins grossièrement et régulièrement ponctuées après celle-ci ; hérissées de poils longs et livides. *Dessous du corps* d'un brun noir ou noir brun ; hérissé de poils livides ; ponctué sur la poitrine ; pointillé sur le ventre. *Pieds* d'un brun noir ou noir brun, avec les soies des tarses d'un livide roussâtre ; hérissés de longs poils livides ou d'un livide roussâtre ; tibias postérieurs droits.

Patrie : les environs d'Oran (collect. Godart).

M. Lucas a obtenu divers individus sortis de bûches de Lentisque (*Pistacia lentiscus*) dans lesquelles ils avaient sans doute vécu à l'état de larve, aux dépens de quelques larves lignivores.

O. tæniatus ; Klug. *Hérissé de poils, en dessus. Noir : élytres rouges sur leur moitié antérieure, noires postérieurement ; marquées, vers les quatre septièmes de leur longueur, d'une bande transversale blanche, liée au bord externe et étendue ordinairement jusqu'au rebord sutural ; striément ponctuées jusqu'à cette bande blanche, à peine ponctuées postérieurement.*

Opilus taeniatus. Klug, *Clerii. in* Abhandl. d. K. Akad. d. Wissensch. zu Berlin. 1842. p. 320. 5. — Id. tiré à part. p. 64. 5.
Opilus Mimonti, Boieldieu, Ann. de la Soc. entom. de Fr. 3e série. t. VII. 1859. p. 471. 10. pl. VIII. fig. 6.

Var. α. *Prothorax rouge ou d'un rouge pâle.*

Obs. La partie antérieure de la tête et la poitrine, sont parfois également rouges.

Opilus thoracicus. Klug, *Clerii. in* Abhandl. d. K. Akad. zu Berlin. 1842. p. 321. 6. — Id. tiré à part. p. 65. 6.

Var. β. *Partie postérieure de la tête, antennes et prothorax, rouges ou d'un rouge rougeâtre ou pâle.*

Opilus frontalis, Klug, *Clerii, in* Abhandl. d. K. Akad. d. Wissensch. zu Berlin. p. 321, 7. — Id. tiré à part. p. 65. 7.

Notoxus cruentatus. (Dupont). SPINOLA, *Clérites*. t. I. p. 225. 9. pl. XXVIII. fig. 6.

Long. 0m,0067 à 0m,0090 (3 l. à 4 l.).

Corps allongé; hérissé de longs poils. *Tête* finement ponctuée; ordinairement noire, mais parfois rouge sur sa partie postérieure. *Epistome, labre, palpes*, rouges ou d'un rouge roussâtre. *Antennes* souvent de même couleur, parfois obscures. *Prothorax* rétréci postérieurement; finement, ruguleusement et superficiellement ponctué; marqué d'une impression transversale en arc dirigé en arrière; parfois noir, d'autres fois rouge ou d'un rouge roussâtre. *Ecusson* noir ou rouge. *Elytres* débordant la base du prothorax de la moitié de la largeur de chacune; subsinueusement élargies jusqu'aux deux tiers de leur longueur, obtusément arrondies, prises ensemble, postérieurement; planiuscules sur le dos. *Dessous du corps* rouge sur l'antépectus; médi et postpectus, ordinairement noirs, parfois rouges ou rougeâtres. *Ventre* noir. *Pieds* noirs; tarses rouges ou roussâtres.

Patrie: la Dalmatie, la Grèce (collect. Pellet).

Genre *Clerus*, CLAIRON; Geoffroy.

Geoffroy. Hist. des ins., t. I, p. 303.

CARACTÈRES. *Tête* triangulaire; ordinairement aussi large que longue. *Yeux* à fossettes assez fines; plus longs que larges; entamés jusqu'à la moitié de leur largeur, vers le milieu de leur côté interne, par une échancrure obliquement dirigée d'arrière en avant, de dehors en dedans. *Antennes* insérées un peu plus avant que le bord antérieur de l'échancrure des yeux, mais moins avant que leur bord antérieur, sous un très-faible rebord des joues; ordinairement à peine prolongées jusqu'à la moitié des côtés du prothorax; de onze articles: les huit premiers grêles: les trois derniers constituant une massue obconique: le dernier, tronqué souvent un peu obliquement. *Labre* le plus souvent échancré à son bord antérieur. *Palpes maxillaires* plus longs que les labiaux; à dernier article graduellement et assez faiblement élargi d'arrière en avant; une fois environ plus long que large. *Palpes la-*

biaux à dernier article plus ou moins fortement sécuriforme. *Prothorax* rétréci à partir de la moitié ou des trois cinquièmes de ses côtés; marqué en dessus d'un sillon transversal plus ou moins prononcé, croisant la ligne médiane vers le tiers environ de la longueur de celle-ci. *Elytres* débordant la base du prothorax du tiers ou des deux cinquièmes de la largeur de chacune; voilant l'abdomen. *Ventre* de six arceaux apparents. *Tarses postérieurs* moins longs que le tibia; de cinq articles, mais dont le premier est caché en dessus par le deuxième et visible seulement en dessous; à deuxième article ordinairement moins long que le dernier: celui-ci au moins aussi long que les deux précédents réunis.

Les Clairons sont généralement parés de couleurs vives et agréables: le vert ou le bleu métalliques ornent généralement leurs corps, et leurs élytres présentent le plus souvent des bandes, des taches ou le fond, rouges ou orangés.

Ces insectes se trouvent sur les fleurs, principalement sur les ombellifères, dont ils recueillent les principes sucrés à l'aide des lobes frangés de leurs mâchoires. Quand on les saisit, ils replient leurs pattes et simulent l'état de mort, pour tenter d'échapper aux dangers dont ils sont menacés.

Ils déposent leurs œufs dans les nids de diverses sortes d'Apiaires, principalement des abeilles maçonnes. La femelle épie le moment où l'abeille s'éloigne de son nid, pour y cacher un œuf parasite. L'espèce de ver qui en éclôt, après avoir dévoré l'une des larves de l'abeille, brise la cloison qui la séparait de l'une de ses voisines, pour attaquer celle-ci. Ce petit loup dévorant, caché dans la bergerie, fait ainsi un certain nombre de victimes, avant de parvenir au terme de sa grosseur; il s'enferme alors dans une coque tapissée d'une membrane mince, et s'y transforme en nymphe. Il met près d'un an, depuis la ponte de l'œuf, pour arriver à son état parfait.

A Elytres sans bordure suturale, ou n'offrant que le rebord sutural paré d'une couleur différente de celle du fond.

B. Elytres marquées chacune seulement de quatre taches ponctiformes noires.

1. **C. octopunctatus**; Fabricius. *Bleu; hérissé de poils. Elytres d'un*

roux orangé, ornées chacune de quatre sortes de points, noirs : le premier, le plus gros, sur le disque, vers le tiers : les deuxième et troisième, en rangée transversale, un peu avant les deux tiers (l'externe plus gros) : le quatrième; petit, aux sept huitièmes de leur longueur, plus rapproché de la suture que du bord externe.

♂ Cinquième arceau ventral échancré presque en demi-cercle à son bord postérieur : le sixième au moins aussi long que large. Cuisses postérieures un peu arquées, faiblement plus grosses que les précédentes. Tibias à peu près droits; prolongés à leur côté interne en une pointe épaisse, obtuse et assez courte.

♀ Cinquième arceau ventral en ligne transversalement droite à son bord postérieur; le sixième, une fois au moins plus long, arqué en arrière à son bord postérieur. Cuisses postérieures de la grosseur des précédentes, à peine arquées. Tibias postérieurs droits; à deux éperons courts et grêles.

Clerus octopunctatus. FABR., Mant. ins. t. I. p. 126. 9. — Id. Entom. Syst. t. I. p. 208. 9. — OLIV., Entom. t. IV. nº 76. p. 9. 8. pl. I. fig. 8. a. b. — LATR., Hist. nat. t. IX. p. 154. 3.

Attelabus 8-maculatus. DE VILLERS, Entom. t. I. p. 222. 15. pl. I. fig. 26.

Trichodes octopunctatus. HERBST., Naturs. (Coléoptères). t. IV. p. 158. 2. pl. XLI. fig. 12. — KLUG, *Clerii. in* Abhandl. d. K. Akad. d. Wissensch. zu Berlin. 1842. p. 336. 8. — Id. tiré à part. p. 80. 8. — SPINOLA, *Clérites.* t. I. p. 297. 1. pl. XXXIX. fig. 2.

Long. $0^m,0112$ à $0^m,0157$ (5 l. à 7 l.). — Larg. $0^m,0025$ à $0^m,0045$ (1 l. 1/8 à 2 l.), à la base des élytres.

Corps suballongé. *Tête* d'un bleu métallique; densement ponctuée; hérissée de longs poils livides : labre noir ou brun. *Palpes* d'un roux orangé. *Antennes :* trois premiers articles orangés : les quatrième à huitième, noirs : la massue brièvement pubescente, d'un noir cendré. *Prothorax* tronqué et sans rebord, en devant; tronqué et rebordé à la base; subparallèle jusqu'à la moitié des côtés, sinueusement rétréci ensuite, un peu plus long que large; médiocrement convexe; bleu; ponctué et hérissé de longs poils livides. *Ecusson* en triangle au moins aussi long que large; bleu; hérissé de poils. *Elytres* trois fois aussi longues que le prothorax; subparallèles jusqu'aux deux tiers; subarrondies, prises ensemble, à l'extrémité, ordinairement émoussées à l'angle sutural; peu convexes sur le dos; peu profondément ponctuées; hérissées de poils livides moins longs et moins épais que ceux du prothorax; d'un roux orangé; parées chacune de quatre taches subponctiformes, noires ou d'un noir légèrement bleuâtre, un peu enfoncées; la première en ovale transverse, sur le disque, vers le tiers de leur longueur; les deuxième et troisième formant avec leurs pareilles une rangée transversale, un peu avant les deux tiers; la deuxième ou interne, ponctiforme, rapprochée de la suture : la troisième, la plus grosse, subarrondie, couvrant de la moitié aux neuf dixièmes de leur largeur; la quatrième, la plus petite, située aux sept huitièmes de leur longueur, presque aussi voisine de la suture que la deuxième. *Dessous du corps* et *pieds* bleus; hérissés de longs poils blanchâtres.

Cette espèce est méridionale. On la trouve sur différentes fleurs et principalement sur les ombellifères. Elle n'est pas rare dans les environs de Montpellier.

Obs. Quand la matière colorante a été moins abondante, les élytres sont parfois d'un jaune pâle.

BB. Elytres parées de bandes transverses ou transversales.

C. crabroniformis; Fabricius. *D'un bleu foncé. Tête et prothorax hérissés de poils fauves: la tête plus large que le prothorax. Antennes en majeure partie noires. Elytres un peu tronquées et munies d'une petite dent suturale, à l'extrémité; d'un roux testacé; à rebord sutural souvent, au moins en partie, noir violâtre; ornées chacune d'une tache basilaire juxta-scutellaire, de deux bandes liées à la suture et d'une tache apicale, d'un noir violet : la première bande, vers les deux septièmes, transverse, un peu plus développée vers la suture : la deuxième, transversale, située vers les deux tiers, presque uniformément développée : la tache apicale étendue jusqu'au bord latéral.*

♂ Cinquième arceau ventral échancré en demi-cercle : le sixième, de moitié environ plus long que large, subcylindrique ou un peu conique, arrondi à l'extrémité. Cuisses postérieures renflées et arquées :

tibias postérieurs arqués; munis d'un éperon interne assez long et courbé à l'extrémité.

Clerus crabroniformis. FABR., Mant. t. I. p. 126. 16. — Id. Entom. Syst. t. I. p. 209. 17. — OLIV., Entom. t. IV. n° 76. p. 5. 1. pl. I. fig. a. b.
Trichodes crabroniformis. FABR. Syst. eleuth. t. I. p. 285. 9. — Schœnh., Syn. ins. t. II. p. 49. 11. — KLUG, *Clerii. in* Abhandl. d. K. Akad. d. Wissensch. zu Berlin. 1842. p. 329. 1. — Id. tiré à part. p. 73. 1. — SPINOLA, *Clérites*. t. II. p. 309. 9. pl. XXX. fig. 3.

Var. α. *Elytres d'un jaune pâle ou testacé.*

Clerus lepidus. BRULLÉ, Expéd. sc. de Morée. p. 154. 230. pl. XXXVII. fig. 7.
Trichodes zebra. FALDERMANN, Nouv. Mém. des Natur. de Mosc. t. IV. 1835. p. 207. pl. VII. fig. 3. — SPINOLA, *Clérites*. loc. cit. pl. XXX. fig. 1.

Long. $0^m,0160$ à 0,0225 (8 l. à 10 l.). — Larg. $0^m,0045$ à $0^m,0054$ (2 l. à 2 l. 1/2).

Patrie : la Sicile, la Grèce, la Turquie, l'Asie mineure, la Syrie.

Obs. La couleur foncière des élytres varie du roux fauve au roux ou jaune testacé livide. Les taches basilaires semi-orbiculaires sont quelquefois peu marquées ou rudimentaires. Le rebord sutural conserve parfois la couleur foncière, souvent il est au moins en partie obscur. Les bandes varient de développement : la première est en général anguleusement plus développée sur la suture, soit en avant soit en arrière; quelquefois sa saillie anguleuse antérieure s'avance étroite jusqu'à l'écusson en formant ainsi une bordure suturale. La bande postérieure est quelquefois anguleusement prolongée en arrière sur la suture. La tache postérieure forme avec sa pareille une tache commune, arquée en devant. Les cuisses du ♂ varient de grosseur et sont parfois peu arquées ainsi que les tibias. Les palpes labiaux sont ordinairement noirs : les autres d'un roux fauve.

C. umbellatarum; OLIVIER. *Bleu. Tête et prothorax hérissés de poils en partie noirs. Elytres d'un rouge orangé ; ornées d'une tache scutellaire, d'un rebord sutural, et chacune de trois bandes liées à la suture, bleues ou d'un bleu noir ou violacé : la première bande au tiers, extérieu-*

rement élargie et dirigée en avant, liée ou presque liée à un point juxta-marginal : la deuxième, vers les trois cinquièmes, étendue jusqu'au rebord externe, fortement arquée sur chaque étui, à son bord antérieur : la troisième, grêle, vers les quatre cinquièmes, dirigée en arrière, de dedans en dehors. Antennes, en majeure partie, noires.

♂ Pygidium allongé, arqué en arrière à son bord postérieur ; d'un rouge orangé, avec sa partie longitudinalement médiaire, verte. Cinquième et sixième arceaux du ventre d'un bleu vert ou vert bleu, avec les côtés orangés : le cinquième, échancré en arc à son bord postérieur : le sixième, plus long que large, subcylindrique, obtusément arqué en arrière à son bord postérieur. Cuisses postérieures plus grosses que les précédentes, arquées. Tibias postérieurs légèrement arqués.

♀ Cinquième arceau ventral en ligne transversalement droite à son bord postérieur : le sixième, une fois au moins plus large que long. Cuisses postérieures non renflées. Tibias postérieurs droits.

Clerus umbellatarum. OLIV. Entom. t. IV. n° 76. p. 5. 2. pl. I. fig. 2. *a.*
Trichodes umbellatorius. SCHOENH., Syn. ins. t. II. p. 49. 12.
Trichodes umbellatarum. KLUG, Versuch. *in* Abhandl. d. K. Akad. d. Wissenschaft. zu Berlin. 1842. p. 336. 7.— Id. tiré à part. p. 80. 7.— SPINOLA, *Clérites.* t. I. p. 298. 2. pl. XXIX. fig. 3.

Long. 0m,0110 à 0m,0157 (4 l. 1|2 à 7 l.). — Larg. 0m,0033 à 0m,0047 (1 l. 1|2 à 2 l.).

Corps allongé. *Tête* et *prothorax* ponctués ; bleus ; hérissés de longs poils livides et noirâtres sur la première, noirs sur le second. *Antennes* à tige en partie d'un roux testacé, avec la massue noire, et souvent le dessus des huit premiers articles également noirs. *Elytres* ordinairement munies d'une petite dent à l'angle sutural ; ponctuées ; d'un rouge orangé ; parées d'une tache scutellaire, d'une bordure suturale, et chacune de trois bandes liées à la suture, d'un bleu noir ou violacé : la tache scutellaire, étendue au moins jusqu'à la moitié de la base, une fois au moins plus large que longue, arquée en arrière à son bord postérieur : la bordure, couvrant ordinairement jusqu'à la première rangée, entre la tache et la première bande, réduite au rebord, postérieurement : la première tache, étendue jusqu'aux trois cinquièmes ou deux tiers de la largeur, formant avec sa pareille un arc très-faible dirigé en arrière, dilatée de dedans en dehors et dirigée en avant à son bord antérieur, de manière à offrir à ce bord, prises ensemble, une échancrure en demi-cercle, liée ou presque liée à un point d'un noir bleu, juxta-marginal : les deuxième et troisième, un peu dirigées en arrière de dedans en dehors : la deuxième, étendue jusqu'au rebord externe, sinuée ou échancrée près de la suture à son bord postérieur, fortement arquée en devant et plus développée sur les trois quarts internes de son bord antérieur, liée à la suture vers les trois cinquièmes de celle-ci : la troisième, attenante à la suture, vers les quatre cinquièmes, grêle, formant avec sa pareille un arc ou un angle très-ouvert dirigé en avant, étendue presque jusqu'aux trois quarts de la largeur de chaque étui. *Dessous du corps* et *pieds* bleus : partie des cinquième et sixième arceaux du ventre, et partie des tarses, d'un roux flave ou testacé.

Patrie : l'Algérie.

Obs. La tache scutellaire est parfois très-réduite ; d'autres fois elle acquiert un développement variable. Les bandes laissent ordinairement dominer de beaucoup la couleur du fond ; chez quelques individus elles montrent un développement plus ou moins remarquable.

2. **C. apiarius** ; LINNÉ. *Bleu ; tête et prothorax hérissés de poils : ces poils noirâtres sur celui-ci : la tête, à peu près de la largeur du prothorax. Palpes et partie au moins de la tige des antennes, d'un roux fauve ; massue des dernières, noire. Elytres arrondies à l'extrémité ; d'un roux orangé ; à bord sutural concolore ; ornées chacune à la base d'une tache semi-orbiculaire juxta-scutellaire, de deux bandes, et d'une tache apicale, d'un bleu violet ou noirâtre : la bande antérieure, vers les deux septièmes, parfois réduite à des points, ou nulle : la postérieure, transversale, vers les trois cinquièmes, moins développée près de la suture, avancée en angle vers le milieu de son bord antérieur.*

Cinquième arceau ventral échancré en demi-cercle : le sixième, plus long que large, un peu conique. Cuisses postérieures visiblement plus épaisses que les précédentes, en ligne à peu près droite à leur bord postérieur, arquées à leur bord antérieur. Tibias postérieurs sensiblement arqués; munis d'un ou de deux éperons courts, grêles et faiblement courbés vers leur extrémité.

♀ Cinquième arceau ventral en ligne droite à son bord postérieur: le sixième, une fois plus long que large, arqué en arrière à son bord postérieur. Cuisses postérieures à peu près de la grosseur des précédentes. Tibias postérieurs droits; munis de deux petits éperons droits.

Attelabus apiarius. LINNÉ, Syst. nat. 10e édit. t. I. p. 388. 7. — Id. 12e édit. t. 1. p. 620. 10. — SCOPOL., Entom. carn. p. 35. 110. 5. ♂. — SULZER, Kennz. pl. IV. fig. 6. — LAICHART. Tyr. ins. t. I. p. 244. 1.

Clerus apiarius. DE GEER, Mem. t. V. p. 157. pl. V. fig. 3. — FABR., Entom. syst. t. I. p. 208. 14.—PANZ., Faun. Germ. XXXI. 13.—OLIV., Entom. t. IV. n° 76. p. 74. pl. I. fig. 4. — ILLIG., Kæf. Preuss. p. 283. 3. — LATR., Hist. nat. t. IX. p. 153. 1. — STEPH., Illustr. t. III. p. 325. 1. pl XIX. fig. 4. — Id. Mem. p. 197. 1566. — SUCKARD, The Brit. coleopt. pl LII. fig. 25.

Demestes apiarius. SCHRANK, Enum. p. 21. 36.

Trichodes apiarius. FABR., Syst. eleuth. t. I. p. 284. 6.—SCHŒNH, Syn. ins. t. II. p. 48. 6. — KLUG, Versuch. *in* Abhandl. d. K. Akad. d. Wissensch. zu Berlin. 1842. p. 130. 2.—Id. tiré à part. p. 74. 2. — SPINOLA, *Clérites.* t. I. p. 305. 7. p. XXX. fig. 2. — BACH, Kæferf. t. III. p. 92. 1.— L. REDTENBACH., Faun. austr. 2e édit. p. 551. — ROUGET, Catal. 999.

ETAT NORMAL. *Elytres* d'un rouge orangé, ornées chacune d'une tache semi-orbiculaire située à la base de l'écusson, de deux bandes et d'une tache apicale, violettes, d'un bleu violet ou noirâtre, liées à la suture: la première bande, transverse, non étendue jusqu'au bord externe, dont elle reste séparée par une ou deux rangées de points, paraissant formée d'une tache suturale commune, anguleusement avancée et prolongée au moins jusqu'aux deux septièmes de la suture; liée, par le milieu de son côté externe, sur chaque étui, à une bande transverse moins développée dans le sens de leur longueur: la deuxième, transversale, couvrant des trois septièmes ou un peu plus aux cinq septièmes de la suture, ordinairement moins développée près de celle-ci: la tache apicale formant avec sa pareille une tache arquée en devant, couvrant le dixième postérieur des étuis.

La deuxième bande varie un peu dans son développement; rarement sa partie interne fait défaut : la tache ou bande apicale offre des différences moins sensibles ; mais la bande antérieure est parfois réduite à des points. ou même nulle.

Var. α. *Bande antérieure nulle.*

Trichodes unifasciatus. DAHL.
Trichodes apiarius. KLUG, Loc. cit. var. 1. — SPINOLA, L. c. var. E.

Var. β. *Bande antérieure réduite sur chaque élytre à trois petits points : l'interne, isolé de la suture.*

Trichodes apiarius. SPINOLA, l. c. var. D. pl. XXX. fig. 2 D.

Var. γ. *Bande antérieure réduite à deux points sur chaque élytre, l'interne isolé de la suture.*

Trichodes subtrifasciatus. STURM, Catal. 1837. p. 126.
Trichodes apiarius. KLUG, Loc. cit. var. 2. — SPINOLA. Loc. cit. var. D.

Var. δ. *Bande antérieure réduite à une tache suturale. commune. et à une autre sur chaque étui.*

Trichodes interruptus. MEGERLE, DAHL, Coleopt. p. 27.
Trichodes armatus. (BAUDET LAFARGE), DEJEAN, Catal. 1837. p. 126.
Trichodes apiarius. KLUG, loc. cit. var. 3. — SPINOLA, loc. cit. var. B. pl. XXX. fig. 2. B.

Var. ε. *Bande antérieure réduite à une tache suturale.*

Trichodes apiarius. SPINOLA, loc. cit. var. B. pl. XXX. fig. 2. D.

Var. ζ. *Deuxième bande interrompue vers la suture : l'antérieure soit entière. soit interrompue.*

Trichodes apicida. ZIEGLER (DEJEAN), Catal. 1837. p. 126.
Trichodes apiarius. KLUG, l. c. var. 1.

Obs. Suivant Spinola. Zeigler aurait donné le nom d'*Apicida* aux individus de petite taille. d'ailleurs parfaitement semblables au type.

La couleur foncière des élytres varie parfois. Klug en cite une variété ayant la base des étuis d'un rouge orangé, et le reste jaune.

Les bandes varient aussi de couleur ou de teinte, et montrent toutes les nuances intermédiaires entre le bleu verdâtre et le violet presque noir.

Long. 0m,0100 à 0m,0147 (4 l. 1/2 à 6 l. 1/2). — Larg. 0m,0025 a 0m,0036 (1 l. 1/8 à 1 l. 2/3) à la base des élytres.

Corps suballongé. *Tête* presque lisse, pointillée, hérissée de longs poils fauves. *Labre* bleuâtre. *Palpes* orangés. *Antennes* à tige ordinairement d'un rouge jaune, parfois avec le dessus du premier, des septième et huitième articles noir, et les trois de la massne entièrement noirs. *Prothorax* tronqué et sans rebord en devant, tronqué et muni d'un rebord étroit à la base, arqué et plus large sur les deux tiers antérieurs de ses côtés, sinueusement rétréci sur le dernier tiers; plus long que large; médiocrement convexe sur le dos; transversalement sillonné ou déprimé un peu après le quart de sa longueur, étroitement sillonné au devant de son rebord basilaire; bleu, finement ponctué, hérissé de longs poils obscurs ou d'un fauve roussâtre. *Ecusson* presque en demi cercle, bleu, hérissé de poils. *Elytres* trois fois environ aussi longues que le prothorax; faiblement élargies ou subparallèles jusqu'aux deux tiers, subarrondies ou en ogive obtuse à l'extrémité, avec l'angle sutural tantôt émoussé, tantôt rectangulaire ou muni d'une très-petite dent; peu convexes sur le dos; marquées de points médiocres, rugueux, affaiblis près de la base et de l'extrémité; d'un rouge jaune, peintes comme il a été dit; hérissées de poils d'un blanc sale ou jaunâtre, fins, plus courts que ceux du prothorax, peu apparents. *Dessous du corps* et *pieds* d'un bleu métallique clair, hérissés de poils blanchâtres.

Cette espèce paraît habiter toutes les provinces de la France. On la trouve, pendant l'été, sur les fleurs, principalement sur les ombellifères.

Obs. Elle a quelque analogie avec le *C. Crabroniformis;* mais elle s'en distingue par sa taille moins grande, par la couleur du dessous du corps, de la tête et du prothorax d'un bleu moins foncé, par sa tête moins large, ses palpes maxillaires d'un roux orangé, par la tige des antennes d'un roux fauve ou testacé, au moins en dessus; par son prothorax hérissé de poils noirâtres; par ses élytres ordinairement arrondies, prises ensemble, et non tronquées à l'extrémité; d'un rouge orangé, à rebord sutural concolore; par la tache apicale, formant, avec sa pareille, un arc ou presque un demi-cercle, à son bord antérieur.

La larve du *Cl. apiarius* a beaucoup d'analogie avec celle du *Cl. alvearius*, mais elle a la plaque noire cornée du premier arceau thoracique obtriangulaire. Elle vit, comme la suivante, aux dépens de la postérité des abeilles maçonnes et de quelques autres Apiaires.

Elle a été signalée et figurée pour la première fois par Swammerdam (Bibl. natur. 1737, t. I, p. 526 et t. II, explic. des pl., p. 57, pl. XXVI, III, fig. A, larve, B, nymphe, C, insecte parfait). Elle avait été trouvée dans le nid d'une abeille maçonne. SCHÆFFER (dans le t. II, de ses Abhandlungen von Insecten, chap. 1er des *Abeilles maçonnes*, p. 22, pl. V, fig. 5 et 6, larve, fig. 8, dernier arceau de l'abdomen, fig. 10, insecte parfait) a donné de cette larve une figure plus parfaite. Sturm (Deutsch. Faun. t. XI. 1837. p. 25), a parlé de cette larve d'après les auteurs précédents, et a émis le soupçon qu'elle devait sans doute vivre aux dépens de nos abeilles domestiques. HERBST, plus antérieurement (1792), en avait aussi dit quelques mots (Natursg. t. IV, p. 158).

AA Elytres parées d'une bordure suturale.

C Elytres de couleur foncière, sur le calus huméral.

3. **C. alvearius**; FABRICIUS. *Bleu. Tête et prothorax hérissés de poils en partie noirs. Elytres d'un rouge orangé, ornées d'une tache scutellaire, d'une bordure suturale, et chacune de deux bandes et d'une tache subapicale, bleues ou d'un bleu violet : la première bande, formant, avec sa pareille, un arc fortement dirigé en arrière à son bord postérieur, sinuée à son bord antérieur près de la suture, extérieurement avancée et plus développée, n'atteignant pas le rebord externe : la deuxième bande transversale, vers les trois cinquièmes ou un peu plus, avancée en angle vers le milieu de son bord antérieur : la tache subapicale n'atteignant ni le bord latéral, ni l'extrémité. Antennes, en majeure partie, noires.*

♂ Pygidium bleu; échancré en arc à son extrémité. Cinquième arceau ventral échancré presque en demi-cercle à son bord postérieur; le sixième aussi long que large, fortement échancré en demi-cercle ou figurant une sorte de forceps. Cuisses postérieures sensiblement plus grosses que les précédentes, droites à leur bord postérieur, arquées à l'antérieur. Tibias postérieurs droits, munis à leur côté interne d'un éperon court, grêle, courbé à son extrémité.

♀ Pygidium tronqué. Cinquième arceau ventral en ligne transversalement droite; le sixième une fois au moins plus large que long, arqué en arrière à son bord postérieur. Cuisses postérieures à peu près de la grosseur des précédentes. Tibias postérieurs droits, à deux éperons courts, grêles et droits,

RÉAUMUR, Mem. t. VI. p. 92. pl. VIII. fig. 9. larve. fig. 10. insecte.

Attelabus. SULZER, Geschich. d. ins. pl. IV. fig. 14.

Le Clairon à bandes rouges. GEOFFROY, Hist. t. I. p. 306. 1. pl. V. fig. 4. (défectueuse).

Clerus alveolarius. FABR., Ent. syst. t. I. p. 209. 15. — PANZ., Faun. germ. XXXI. 14. — OLIV., Entom. t. IV, n° 76. p. 7. 5. pl. I. fig. 5. a. b. — ILLIG., Kæf. Preuss. p. 284. 4. — LATR., Hist. nat. t. IX. p. 154. 2. pl. LXXVII. fig. 4. — CURTIS, Brit. Entom. t. I. pl. XXXXIV. — STEPH., Illustr. t. IX. p. 326. — Id. Man. p. 127. 1567.

Trichodes alvearius. FABR. Syst. eleuth. t. I. p. 209. 15. — SCHŒNH., Syn. ins. t. II. p. 49. 8. — KLUG, Versuch. *in* Abhandl. d. K. Akad. d. Wissensch. zu Berlin. 1842. p. 334. 5. — Id. tiré à part. p. 78. 5. — SPINOLA, *Clérites*. p. 301. 4. pl. XXIX. fig. 5. — BACH, Kæferf. t. III. p. 92. 2. — L. REDTENB. Faun. austr. 2e edit. p. 551. — ROUGET, Catal. 998.

ÉTAT NORMAL. *Elytres* d'un rouge orangé, ornées d'une tache scutellaire, d'une bordure suturale, et chacune de deux bandes et d'une tache subapicale, bleues ou d'un bleu noir, liées à la bordure : la tache scutellaire, étendue jusqu'à la moitié de la base, en carré une fois au moins plus large que long : la bordure suturale, couvrant ordinairement jusqu'à la seconde rangée de points, entre la tache scutellaire et la première bande; jusqu'à la première rangée, entre la première bande et la seconde; réduite au rebord sutural entre la deuxième et la tache subapicale, le plus souvent nulle, après celle-ci : la première bande, formant avec sa pareille un arc fortement dirigé en arrière, à son bord postérieur, et plus prononcé à son bord antérieur, profonément sinuée près de la suture, moins développée dans le sens de la ongueur près de celle-ci, avancée et plus développée extérieurement, ouvrant du quart au deux cinquièmes de la suture, n'atteignant pas e rebord externe, dont elle reste séparée par une ou deux rangées de oints : la deuxième bande transversale, étendue jusqu'au rebord exerne, couvrant des quatre septièmes ou un peu plus aux deux tiers nviron de la suture, un peu étranglée ou sinuée près de celle-ci, à es bords antérieur et postérieur, anguleusement avancée à son bord ntérieur, vers la moitié de la largeur de ce dernier : la tache subapiale, transverse, formant avec sa pareille un ovale transversal, cou-rant environ des cinq sixièmes aux quinze seizièmes de la suture ; à eine étendue jusqu'aux deux tiers de la largeur de chaque étui.

Variations des élytres.

Obs. La tache scutellaire varie un peu dans sa forme ; elle est quelquefois arquée en arrière à son bord postérieur, au lieu d'être tronquée.

La bordure suturale est parfois plus restreinte, dépasse à peine la première rangée de points sur chaque étui, entre la tache scutellaire et la première bande ; le plus souvent elle est nulle après la tache subapicale.

Les bandes varient dans leur développement : l'antérieure est plus ou moins entaillée à angle à peu près droit, vers sa partie postéro-externe. Quand elle est plus développée, elle est moins profondément sinuée près de la suture à son bord antérieur. La seconde bande offre la partie anguleuse de son bord antérieur, plus ou moins aiguë ou plus ou moins obtuse.

La tache subapicale ne varie pas moins. Souvent, au lieu de former avec sa parallèle un ovale transverse, elle se montre plus grêle, elle figure un arc plus ou moins faible sur chaque élytre : dans cette variation elle se rapproche un peu de la forme de la troisième bande, chez le *Cl. umbellatarum ;* mais elle est plus rapprochée de l'extrémité, et elle forme sur la suture un angle commun plus ou moins dirigé en arrière.

Très-rarement les élytres offrent une tache de forme variable, entre la deuxième et la tache subapicale.

La couleur des bandes et des taches varie, du bleu au violet et au noir.

Ces variations peuvent être réduites aux variétés suivantes :

Var. α. *Deuxième bande des élytres, souvent moins développée dans le sens de leur longueur, plus fortement sinuée ou échancrée près de la suture, plus avancée ou plus anguleuse vers le milieu de son bord antérieur. Tache subapicale presque en forme de bande, plus grêle que dans l'état normal, figurant sur chaque étui une sorte d'arc, mais formant avec sa pareille, sur la suture, un angle dirigé en arrière.*

Trichodes affinis. Dahl., Dejean, Catal. 1837. p. 127.
Trichodes Dahlii. Dejean, Catal. 1837. p. 127. — Spinola. *Clérites.* p. 300. 3. pl. 24. fig. 4.

Obs. Cette variété paraît particulière aux contrées les plus méridionales de l'Europe et du nord de l'Algérie.

Var. β. *Elytres marquées chacune d'une tache d'un bleu violet ou d'une nuance rapprochée, entre la deuxième bande et la tache subapicale.* (Collect. Reiche).

Dahl et Dejean, puis Spinola, à l'exemple des deux premiers, ont considéré comme spécifiques les différences signalées dans notre variété α; mais outre qu'on trouve des transitions insensibles dans les modifications offertes par la deuxième bande et la tache subapicale des étuis, les caractères particuliers aux ♂ de cette variété sont si conformes à ceux des ♂ du type, qu'on est forcé de reconnaître qu'ils appartiennent tous à la même espèce.

Long. $0^m,0090$ à $0^m,0168$ (4 l. à 7 l. 1/2), — Larg. $0^m,0022$ à $0^m,0056$ (à 2 l. 1/2), à la base des élytres.

Corps suballongé. *Tête* bleue; densement ponctuée; hérissée de poils longs et mélangés, livides et noirs. *Labre* noir. *Palpes* d'un rouge orangé. *Antennes* noires, avec la massue brièvement pubescente d'un noir cen-

. *Prothorax* tronqué et sans rebord en devant, tronqué et rebordé à la e; subparallèle jusqu'à la moitié ou un peu plus de ses côtés, si- ısement rétréci ensuite; plus long que large; médiocrement convexe; u; densement ponctué; hérissé de longs poils noirs. *Ecusson* pres- ; en demi-cercle; bleu. *Elytres* trois fois et demie environ aussi longues ; le prothorax; subparallèles jusqu'aux deux tiers, en ogive obtuse, ses ensemble, à l'extrémité, ordinairement émoussées à l'angle sutu- ; peu convexes sur le dos; marquées de points médiocres assez rappro- ;s, affaiblis près de la base; colorées et peintes comme il a été dit; hé- sées de poils moins longs que ceux du prothorax, livides sur les rties rouges, noirs ou obscurs sur les parties noires ou bleues: *dos l'abdomen*, d'un rouge jaune, avec le pygidium bleu. *Dessus du corps pieds* d'un bleu clair ou verdâtre; hérissés de longs poils blancs d'un blanc sale.

Cette espèce paraît commune dans toutes les parties de la France; on trouve sur les fleurs, principalement sur les ombellifères.

Obs. Elle se distingue facilement du *Cl. apiarius*, par ses élytres parées ıne tache scutellaire, d'une bordure suturale, et par la bande ou tache ıstérieure n'atteignant pas l'extrémité des étuis.

Voici la description de sa larve :

Larve.

Allongée; un peu renflée à partir du milieu de l'abdomen jus- ı'à l'avant-dernier ou jusqu'au dernier arceau; très-médiocrement ınvexe. *Tête* presque carrée; subcornée; peu convexe; marquée de eux lignes d'un livide flavescent se croisant un peu au devant du mi- eu de sa partie postérieure, et dont chaque branche antérieure aboutit ers la base des antennes; d'un rouge brun, entre ces lignes, d'une cou- ;ur plus obscure ou noire, en dehors de ces lignes; hérissée de poils ongs, clair-semés et d'un livide flavescent. *Epistome* transverse. *Labre* rrondi en devant. *Mandibules* noires; cornées; arquées; terminées en ıointe. *Dessous de la tête* offrant une plaque subcornée, formée par l'u- ıion des mâchoires et du menton : les *mâchoires*, séparées du second ıar une rainure, paraissant formées de deux pièces basilaires, termi- ıées par un seul lobe. *Palpes maxillaires* coniques; dépassant un peu les mandibules dans l'état de repos; de trois articles. *Menton* allongé; graduellement rétréci d'avant en arrière; terminé par une lèvre palpigère. *Palpes labiaux* coniques; de deux articles. *Antennes* situées près de la base des mandibules; dépassant l'extrémité des mandibules; coniques; de quatre articles; le premier, le plus gros, blanchâtre, en partie rétractile: les autres, d'un livide flavescent: le deuxième, un peu plus long que le troisième; celui-ci un peu appendicé à son extrémité externe e muni d'un poil à cet appendice: le dernier, grêle, conique, terminé pa un poil. *Ocelles* situés derrière la base des antennes; petits; orbiculaires; au nombre de cinq, disposés sur deux rangées: trois, su l'antérieure: deux, sur la postérieure. *Corps* composé de douze segments; rose; hérissé de poils longs et fins, d'un livide flavescent, plu apparents sur les côtés: les trois segments thoraciques, presque égaux plus larges que longs: le prothoracique, muni en dessus d'une plaqu cornée noire, couvrant la majeure partie discale de sa surface, divisé dans son milieu par une ligne d'un livide flavescent, arquée en arrièr à son bord postérieur: les deux suivants, marqués chacun d'un sillo transverse, arqué en arrière, rapproché, dans son milieu, du bord postérieur. Les *huit premiers segments abdominaux* un peu plus courts qu les thoraciques, à peu près égaux; en partie rayés d'un léger sillon transverse, raccourci à ses extrémités: le neuvième, sensiblement plus étroi que le précédent, rétréci d'avant en arrière, couvert d'une plaque o tache cornée noire, commençant un peu après le bord antérieur et l couvrant jusqu'à l'extrémité: celle-ci terminée par deux crochets o cornicules coniques, un peu recourbés, bruns: ce neuvième segmen abdominal muni en dessous d'un mamelon pseusopode, en partie rétra tile. *Dessous du corps* séparé de sa partie supérieure par un bourrel médiocrement saillant; rose; membraneux et garni de poils, comme l dessus. *Pieds* médiocres; graduellement rétrécis de la base à l'extrémité garnis de poils assez longs et clair-semés; d'un livide flavescent, av l'ongle et une tache à la base des hanches, noirâtres; formés de quat pièces: une hanche, une cuisse, un tibia, et un tarse terminé par u ongle aigu. *Stigmates* au nombre de neuf paires: la première située u peu au devant de la seconde paire de pattes, et un peu plus en dehor appartenant au segment métathoracique: les huit autres plus petite nctiformes, situées sur les côtés de la partie dorsale, un peu avant le ilieu de chacun des huit premiers anneaux.

Cette larve vit aux dépens de la postérité des *abeilles maçonnes* et des *égachiles* qui percent les murs de pisé, pour y cacher leurs œufs.

Réaumur, le premier (*Mémoires*, t. VI, p. 92, pl. VIII, fig. 9, larve. — ;. 10, insecte parfait), a parlé de cette larve qu'il avait trouvée dans le d d'une *abeille maçonne*. Il l'a fait représenter ainsi que l'insecte ırfait. La figure de ce dernier est défectueuse. La tache ou bande postéeure des élytres atteint l'extrémité de celles-ci, et l'on pourrait croire. ır là, qu'il avait sous les yeux un *Cl. apiarius*; mais la tache scutellaire ırrée et la bordure suturale indiquée, ne permettent pas de douter qu'il 'ait eu en vue le *Cl. alveolarius*. Latreille (*Hist. nat.*, t. IX, p. 154) a dit ue cette larve vivait aux dépens de l'abeille maçonne. Nous l'avons ·ouvée nous-même assez souvent dans ces nids construits d'un mortier olide; mais elle paraît faire la guerre à d'autres Apiaires. M. Westwood Introd. to the modern., *Calssific.*, t. I, p. 204, fig. 29, nº 1, 9, larve, .º 1, insecte parfait) dit l'avoir trouvée en juillet 1837, dans le parc de ellevue, en compagnie de MM. Audouin et Brullé, dans les nids de la *légachile muraria*. Elle y a été prise également par M. Guillebeau.

M. Perris (*Ann.* de la soc. entom. de Fr., 3e série, t. II, p. 611) l'a rouvée sous l'écorce d'un jeune pin, qui l'année précédente avait servi le berceau à de nombreuses larves de *Tomicus laricis*; et depuis cette époque, suivant ce qu'il a eu la bonté de nous écrire, ayant déposé dans ın grenier destiné aux éclosions des insectes lignivores, de vieux bois le chêne et de cerisier, il rencontra durant plusieurs jours, sur les planchers, et se dirigeant vers la lumière, des larves qui appartenaient certainement à cette espèce ou à la précédente. Il en recueillit ainsi une trentaine qu'il mit dans des bocaux, les uns avec de la vermoulure, les autres avec de la terre; mais elles n'ont pas abouti. Cet excellent observateur (loc. cit. p. 619) paraît avoir reçu d'un apiculteur quelques-uns de ces *vers rouges* trouvés dans les ruches de nos abeilles domestiques. Nous pensons que ni la larve du *Cl. alveolarius*, ni celle du *Cl. apiarius*, ne vivent spécialement aux dépens de ces abeilles; elles peuvent se trouver quelquefois dans les ruches, mais nos investigations particulières et les observations de divers apiculteurs que nous avons consultés sur ce point, semblent indiquer que le fait est assez rare

Latreille (*Hist. nat.* t. IX, p. 151) assure que les larves des Clairons se rencontrent aussi dans les cellules des guêpes. Cette assertion mériterait d'être confirmée par de nouvelles observations.

C. Favarius; ILLIGER. *Hérissé de poils noirs, en dessus; blanchâtre ou rosats, en dessous. Bleu ou vert: pieds concolores. Antennes à massu au moins noire. Elytres subarrondies chacune a l'extrémité; d'un roug orangé; ornées d'une tache scutellaire, d'une bordure suturale, et chacun de deux bandes et d'une tache apicale ordinairement plus développées qu la couleur foncière: la première bande plus développée sur la suture, formant avec sa pareille un arc dirigé en arrière, peu ou point entaillé à s partie postéro-externe: la deuxième, transversale ou à peu près: la tach couvrant la partie interne de l'extrémité, mais non le bord latéral.*

♂ Cinquième arceau ventral échancré en demi-cercle à son bor postérieur: le sixième plus long que large, subconique, subarrondi son bord postérieur. Cuisses postérieures arquées, renflées, visiblemer plus épaisses que les précédentes. Tibias postérieurs sensiblement arqués, munis au côté interne d'un éperon courbé à son extrémité, plu long que le prolongement du tibia.

♀ Cinquième arceau ventral en ligne transversalement droite à so bord postérieur: le sixième une fois plus large que long, arqué e arrière à son bord postérieur. Cuisses postérieures à peu près de l grosseur des précédentes, non arquées. Tibias postérieurs droits ou peine arqués; munis de deux éperons droits, courts et grêles.

Clerus favarius. ILLIG, Monogr. t. I. p. 80.
Trichodes favarius. STURM, Deutsch. Faun. t. XI. p. 26. 3. — KLUG, Versuc *in* Abhandl. d. K. Akad. d. Wissensch. zu Berlin. 1842. p. 332. 4. — Id. ti à part. p. 76. 4. — SPINOLA, *Clérites* t. I p. 343. 11. pl XXXI. fig. 1. a. — I REDTENB., Faun. austr. 2e édit. p. 551.
Clerus obliquatus. BRULLÉ, Expéd. sc. de Morée. p. 155. 235. pl. XXXVII. fig.

ETAT NORMAL. *Elytres* d'un rouge orangé; ornées d'une tache scutellaire, d'une bordure suturale, et chacune de deux bandes et d'une tacl postérieure, bleues: la tache scutellaire, étendue jusqu'à la moitié c a base, parfois presque en carré une fois plus large que long, souvent presque obtriangulaire : la bordure suturale, couvrant sur chaque étui deux ou trois rangées de points entre la tache scutellaire et la première bande, une rangée entre cette bande et la seconde, et seulement le rebord, entre cette seconde bande et la tache postérieure : les bandes liées à la bordure suturale, plus développées que les espaces interfasciaux de couleur foncière : l'antérieure, formant avec sa pareille un arc dirigé en arrière, n'atteignant pas le rebord externe, dont elle reste séparée par une ou deux rangées de points, peu ou point sinuée ou entaillée à son bord postérieur, vers la partie postéro-externe de celui-ci, plus développée vers la suture que plus extérieurement, couvrant ordinairement du sixième ou du cinquième aux deux cinquièmes ou un peu plus de la suture : la deuxième bande, transversale ou à peu près, couvrant ordinairement des quatre septièmes ou trois quarts aux quatre cinquièmes de la suture à son bord antérieur, et un peu anguleuse à l'extrémité de cette échancrure; échancrée en arc à son bord postérieur : la tache postérieure, formant avec sa pareille une tache commune, obtusément arquée ou presque transversale à son bord antérieur, arrondie à son bord externe, commençant au septième de la longueur des étuis, et couvrant la moitié interne de l'extrémité, ou le bord apical, jusqu'à la partie postéro-externe, mais non le bord latéral.

Long. 0m,0090 à 0m,0112 (4 l. à 1. 5). — Larg. 0m,0023 à 0m,0033 (1 l. à 1 l. 1/2).

Patrie : l'Autriche et quelques autres parties orientales de l'Europe.

Obs. Cette espèce, d'après les individus provenant de l'Autriche, et qui constituent l'espèce typique d'Illiger, s'éloigne du *Cl. apiarius* par l'existence de la tache scutellaire et de la bordure suturale; du *Cl. alvearius*, par la première bande de ses élytres plus développée vers la suture qu'à son côté externe, par sa tache postérieure couvrant au moins une partie de l'extrémité des étuis.

Il faut rapporter à ce *Cl. favarius* le *Trich. affinis*, Chevrol. (*Ann.* de la Soc., entom. de Fr., 2e série, t. Ier, 1843, p. 381, 7) ; le *Cl. obli-*

quatus de M. Brullé (*Expéd. sc. de Morée* p. 155-235, p. 37, fig. 7); et Klug, le *Trich. senilis* (Kollar).

Obs. Cette espèce est une de celles dont les limites sont les moins fixes, et dont les variations rendent la détermination plus difficile.

La tache scutellaire, parfois presque en carré large, est ordinairement rétrécie d'avant en arrière. Les bandes, les taches et la suture des élytres varient de couleur et de développement.

Chez les individus soumis à notre examen, la bande antérieure s'est montrée toujours plus développée vers la suture, subarrondie ou non anguleuse à son côté externe, et peu ou point sensiblement entaillée à sa partie postéro-externe ; la deuxième bande un peu échancrée à son bord antérieur près de la suture, ordinairement un peu anguleuse à l'extrémité de cette échancrure, un peu échancrée en arc à son bord postérieur. La tache apicale couvre ordinairement la moitié interne ou plus de l'extrémité, ou même s'étend jusqu'à la partie postéro-externe des étuis, sans couvrir le bord extérieur ; mais dans les variations par défaut, elle arrive à peine ou n'arrive pas à l'angle sutural, comme on le voit dans le véritable *Tr. subapicalis* de M. Chevrolat. La bordure suturale couvre ordinairement trois rangées de points, sur chaque étui, au devant de la première bande ; une rangée entre celle-ci et la deuxième, et seulement le bord sutural, entre cette dernière et la tache apicale ; mais chez les variations par excès, cette bordure acquiert un peu plus de développement.

La bordure, les bandes et les taches des élytres sont bleues dans l'état normal.

Parfois ces diverses parties passent au bleu-vert ou au vert métallique, et souvent le prothorax, la tête, le dessous du corps et les pieds subissent une modification de couleur semblable.

Chez ces individus, la bordure, les bandes et taches des élytres montrent ordinairement un développement tel, que ces parties semblent la couleur foncière des étuis ; ceux-ci montrent alors, en orangé ou rouge orangé, une tache humérale obliquement dirigée en dedans, liée par une bordure externe jusqu'à une bande transverse rétrécie de dehors en dedans, et située vers le milieu des étuis, et une bande située vers les trois quarts ou plutôt un peu après, subtransverse, un peu obliquement dirigée en arrière de dedans en dehors, et couvrant le bord externe, jusque vers la moitié de l'extrémité.

Près du *Cl. favarius*, vient se ranger le *Cl. Lafertei* de M. CHEVROLAT (*Ann.* de la Soc. entom. de Fr., 2e série, t. Ier, 1843, p, 39-18). Ce dernier a beaucoup d'analogie avec le précédent ; mais il en diffère par une taille ordinairement plus avantageuse (0m,0123 à 0m,0180 — 5 l. à 8 l.) ; par les espaces interfasciaux à peu près aussi développés que les bandes ; par la première de celles-ci plus éloignée de la tache scutellaire à son bord antérieur, moins développée sur la suture, anguleuse à son côté extérieur, entaillée ou échancrée vers sa partie postéro-externe ; par sa tache postérieure arrivant à peine à l'écusson, en laissant au moins la moitié externe du bord apical de couleur orangée, ou même n'arrivant pas à l'angle sutural.

Le **C. affinis** ; (DEJEAN) SPINOLA, (*Clérites*, t. Ier, p. 302-5, pl. XXIX, fig. 6), se rapproche beaucoup du *Cl. Lafertei ;* mais il s'en distingue par la bande antérieure des étuis, liée à son bord extérieur à un petit point bleu ; par sa tache postérieure, formant, avec sa pareille, une tache orbiculaire ou brièvement en ovale transversal, complétement entourée par la couleur orangée ; par ses élytres sinuées à leur bord apical, et munies d'une petite dent à l'angle sutural.

On le trouve dans l'Egypte.

Le **C. nobilis,** KLUG (*Tr. Carcelii* CHEVROLAT, *Ann.* de la Soc. entom. de Fr., 2e série, t. Ier, p. 39-19. — *T. Sanguineo-signatus,* DEJEAN) SPINOLA (*Clérites*, t. Ier, pages 311-10, représenté pl. 30, fig. 5, sous le nom de *Tr. nobilis*), se rapproche du *Cl. favarius*, var. *viridi-fasciatus ;* mais il s'en distingue sans peine par ses antennes entièrement orangées. Le ♂ a les cuisses postérieures plus renflées, les tibias peu arqués, et munis à l'extrémité d'un prolongement un peu plus long que les éperons.

Cette dernière espèce offre des variations remarquables dans le développement de ses bandes. Parfois l'antérieure est beaucoup plus restreinte (Spinola, t. VI, pl. XXX, fig. 5, D). D'autres fois elle est interrompue ou simplement représentée par des taches ou des lignes (*Trichodes nobilis*, Klug. Versuch. in Abhandl. 1842. p. 395, 6. tiré à part, p. 79, 6. *Trichodes Carcelli*, var. Chevrolat. loc. cit.), ou même entièrement nulle. La bande postérieure est aussi quelquefois réduite à une sorte de point sur chaque élytre, et à un renflement sutural (Spinola. loc. cit. t. Ier, pl. XXX, fig. 5, D).

Cette espèce se trouve dans le Levant et dans la Perse occidentale.

4. **C. leucopsideus**; Olivier. *Bleu; hérissé de poils d'un livide flavescent. Tige des antennes et palpes au moins en majeure partie d'un flave roussâtre. Elytres à peine munies d'une très-petite dent à l'angle sutural; d'un rouge orangé; parées d'une tache scutellaire, d'une bordure suturale, et chacune d'un point sur le calus, de deux bandes et d'une tache apicale, bleus: la première bande transverse, formant avec sa pareille un arc dirigé en arrière à son bord postérieur, presque en ligne droite à l'antérieur: la deuxième, transversale: la tache apicale, couvrant au moins le sixième postérieur des étuis.*

♂ Cinquième arceau ventral échancré presque en demi-cercle à son bord postérieur: le sixième demi-cylindrique, un peu plus long que large; bleus l'un et l'autre: cuisses postérieures renflées, un peu arquées: tibias postérieurs sensiblement arqués, munis d'un éperon grêle, courbé a son extrémité.

Etat normal. *Elytres* d'un rouge orangé, ornées d'une tache scutellaire, d'une bordure suturale, et chacune d'un point sur le calus huméral, de deux bandes et d'une tache apicale, bleus, d'un bleu noir ou violacé: la tache scutellaire, presque en carré une fois au moins plus large que long, ordinairement rétrécie d'avant en arrière, quelquefois jusqu'à la première bande, d'autres fois moins longuement: la bordure suturale, couvrant ordinairement les deux rangées de points avant la première bande, la première, après cette bande jusqu'à la deuxième, et seulement le rebord sutural, entre celle-ci et la tache apicale: la première bande formant avec sa pareille un arc obtus, dirigé en arrière à son bord postérieur, presque en ligne transversalement droite à l'antérieur, plus développée sur la suture dont elle couvre variablement du neuvième ou du cinquième aux deux cinquièmes ou trois septièmes, n'atteignant pas le rebord externe : la deuxième bande, transversale, couvrant ordinairement des quatre septièmes aux cinq septièmes de la suture, ordinairement sinuée près de celle-ci, et un peu anguleusement avancée à son bord antérieur à l'extrémité de cette sinuosité ou échancrure : la tache apicale, couvrant environ le cinquième postérieur, formant avec sa pareille, à son bord antérieur, un demi-cercle ou un arc dirigé en avant et un peu anguleusement avancé sur la suture.

Variations des Elytres.

Quand la matière colorante a été moins abondante, la couleur rouge orangé passe au jaune. La tache scutellaire est plus carrée, plus courte : les bandes sont moins développées dans le sens de la longueur : la tache apicale est transversale à son bord antérieur.

Quand, au contraire, la matière colorante a été plus abondante, la tache scutellaire se prolonge jusqu'à la première bande : celle-ci et la suivante ont plus de développement dans le sens de la longueur, surtout près de la suture, et rétrécissent ainsi, plus ou moins, dans ce ce point, la couleur foncière.

♀ Cinquième arceau ventral en ligne transversalement droite à son bord postérieur : le sixième une ou deux fois aussi large que long, arqué en arrière à son bord postérieur : l'un et l'autre, bleus sur le milieu, d'un rouge jaune sur les côtés. Cuisses postérieures à peine plus grosses que les précédentes. Tibias postérieurs un peu arqués, munis de deux éperons droits, très-courts.

Clerus leucopsideus. OLIVIER, Entom. t. IV. n° 76. p. 8. 6. pl. I. fig. 6. — KLUG, Versuch. *in* Abhandl. d. K. Akad. d. Wissensch. zu Berlin. 1842. p. 337. 12. — Id. tiré à part. p. 81. 12.

Long. 0m,0067 (3 l. à 5 l.) — Larg. 0m,0010 à 0m,0028 (9/10 à 1 l. 1/4).

Corps suballongé. *Tête* bleue ; densement ponctuée ; hérissée de poils livides. *Labre* noir. *Palpes* d'un rouge flave ou testacé. *Antennes* d'un rouge flave, avec le dessus du premier article, les deux premiers et la base des derniers de la massue, noirs. *Prothorax* tronqué et sans rebord, en devant; tronqué et rebordé, à la base; subparallèle jusqu'aux trois cinquièmes, rétréci ensuite en courbe rentrante; plus long que large; marqué d'un sillon transversal, en angle dirigé en arrière vers le tiers de sa longueur; bleu; densement ponctué; hérissé de poils livides; offrant ordinairement au moins en partie une ligne médiane lisse ou saillante. *Ecusson* subparallèle, obtusément arrondi à son extrémité; au moins aussi long que large; bleu; hérissé de quelques poils. *Elytres* subparallèles ou faiblement élargies jusqu'aux deux tiers, en ogive obtuse, prises ensemble, postérieurement; trois fois et demie à quatre fois aussi longues que le prothorax; hérissées de poils livides plus courts que ceux du prothorax, peu apparents; chargées de deux à quatre nervures assez faibles et non prolongées jusqu'à l'extrémité; colorées et peintes comme il a été dit. *Dessous du corps* bleu, ou d'un bleu verdâtre brillant ou luisant; garni de longs poils blanchâtres. *Pieds* bleus; garnis de larges poils blanchâtres: totalité ou au moins extrémité des tarses antérieurs, et souvent des autres, d'un rouge flave ou testacé.

Cette espèce habite nos départements méridionaux, surtout l'ancienne Provence; mais elle y est peu commune.

Obs. Elle se distingue du *Cl. apiarius* par sa tache scutellaire et par sa bordure suturale bleue; du *Cl. alveorius*, par sa tache apicale couvrant l'extrémité des étuis: de ces deux espèces et de toutes les précédentes par son point bleu, sur chaque calus huméral.

Le **Cl. syriacus** (Dejean), Spinola (*Clérites*, p. 316, 12, représenté pl. XXX, fig. 6, sous le nom d'*Olivieri*), a aussi un point bleu sur le calus; mais les bandes des élytres sont moins développées, plus étroites près de sa suture et suborbiculairement un peu renflées à leur extrémité externe, et la bordure suturale est triangulairement élargie à son extrémité, au lieu de former avec sa pareille une tache arquée en devant à son bord antérieur; et les étuis sont tronqués sur la moitié interne de leur extrémité, et munis d'une petite dent à l'angle sutural.

J'ai vu, dans la collection de M. Reiche, un Clairon ayant beaucoup d'analogie avec le *Cl. syriacus*; mais ayant la tache scutellaire obtriangulaire; la bande suturale réduite au rebord, constituant à l'extrémité une tache triangulaire, comme un triangle plus large que long, couvrant le bord apical jusqu'à la partie postéro-externe, et offrant au lieu de la bande antérieure une tache discale orbiculaire. Cette tache, par sa position, ne peut être le représentant du renflement externe de la bande antérieure, chez le *Cl. syriacus*; elle semble montrer dans cet exemplaire une espèce inédite (*Cl. Reichii*).

C. ammios; FABRICIUS. *Vert ou d'un vert bleuâtre; hérissé en dessus de poils livides. Antennes et palpes d'un roux flave. Elytres d'un jaune pâle ou d'un rouge roux, parées d'une tache scutellaire, d'une bordure suturale postérieurement élargie en forme de tache apicale commune, et chacune d'un point sur le calus et de deux bandes, verts, ou d'un vert bleuâtre: la tache scutellaire, ordinairement liée au point du calus: les bandes étranglées près de la suture, dilatées ensuite de dedans en dehors: la première, non étendue jusqu'au bord externe, le plus souvent liée au point du calus: la seconde transversale: la tache suturale postérieure presque en triangle: ce dessin laissant, de couleur foncière, une tache subbasilaire, une bordure marginale liée vers la moitié de leur longueur à une bande transverse, une bande oblique.*

♂ Cinquième arceau ventral échancré en demi-cercle à son bord postérieur: le sixième, un peu rétréci d'avant en arrière, aussi long que large, obtusément tronqué à son extrémité. Cuisses postérieures en ligne presque droite à leur bord postérieur, très-renflées et arquées sur leur tranche externe ou antérieure. Tibias postérieurs arqués et plus ou moins renflés sur leur arête externe, offrant leur plus grande épaisseur avant le milieu de leur longueur; munis à leur côté interne d'un éperon élargi, déprimé, arqué, tronqué, l'un échancré à l'extrémité, presque aussi long que le premier article des tarses.

Clerus ammios. FABR., Mant. t. I. p. 126. 13. — Id. Ent. syst. t. I. p. 208. 13. — OLIV., Entom. n° 76. p. 6. 3. pl. I. fig. 3.

Trichodes ammios. Fabr., Syst. eleuth. t. I. p. 284. 5. — Schoenh, Syn. ins. t. II. p. 48. 5. — Klug, Versuch. *in* Abhandl. d. K. Akad. d. Wissensch. zu Berlin. 1842. p. 339. 16. — Id. tiré à part. p. 83. 16. — Spinola, *Clérites*, t. I. p. 322. 16. et var. A. à F. pl. XXXII. fig. 1. et fig. A. B. C. E.
Trichodes flavicornis. Germar, Faun. ins. Europ. XX. 4.

Etat normal. *Elytres* d'un jaune pâle ou d'un rouge roux de nuances variables; parées d'une tache scutellaire, d'une bordure suturale postérieurement élargie en forme de tache apicale, et chacune d'un point sur le calus huméral et de deux bandes transverses, verts ou d'un vert bleuâtre : la tache scutellaire, couvrant ordinairement la base jusqu'à la fossette humérale, sur laquelle elle se lie le plus souvent à la tache ponctiforme du calus huméral, tantôt presque en parallélogramme transverse, une fois au moins plus large que longue, souvent obtriangulaire, ou subgraduellement rétrécie jusqu'au sixième ou cinquième de la longeur des étuis : la bordure suturale, couvrant ordinairement trois rangées de points sur chaque étui, entre la tache scutellaire et la première bande, deux, entre cette bande et la seconde, et une entre celle-ci et sa dilatation apicale; cette bande graduellement élargie sur le cinquième postérieur de sa longueur, de manière à constituer une tache commune, presque triangulaire, couvrant tout le bord apical jusqu'à la partie postéro-externe des étuis, et par conséquent étendue un peu sur la partie postérieure du bord latéral : la première bande, étranglée près de la suture, à son bord postérieur et surtout à l'antérieur, comme formée de deux taches unies : l'interne, plus courte, paraissant une dilatation suturale, ordinairement prolongée du tiers à la moitié de la suture, étendue jusqu'au quart interne de chaque étui : la seconde, plus longue, dilatée de dehors en dedans, surtout en avant, non étendue jusqu'au bord interne, dont elle reste séparée par trois rangées de points : la seconde bande, transversalement étendue jusqu'au bord externe, étranglée aussi près de la suture à son bord antérieur et surtout au postérieur, comme formée de deux taches unies : l'une, plus courte, paraissant une dilatation suturale ordinairement prolongée des quatre septièmes aux trois quarts, étendue jusqu'au tiers interne de chaque étui : l'autre, graduellement dilatée de dedans en dehors, surtout postérieurement : ces divers signes verts, laissant de couleur d'un jaune pâle, d'un rouge roux ou d'un roux de nuance variable, une tache subbasilaire sur le disque, en losange, liée à une bordure marginale prolongée depuis l'épaule jusqu'à la moitié du bord latéral, où elle se lie à une bande transversale étranglée dans son milieu, et étendue jusqu'à la bordure marginale ; enfin, une bande obliquement dirigée des trois quarts de la bordure suturale, vers la partie postéro-externe de chaque étui.

Variations du dessus des élytres.

Obs. En considérant comme état normal la disposition des étuis, d'après laquelle la bande antérieure ne se lie pas à la tache ponctiforme du calus, la tache foncière subbasilaire, affecte ordinairement la forme d'un losange ; mais cette forme se modifie avec le développement des parties vertes.

Variations par défaut.

Var. A. *Dessin normal plus ou moins incomplet.*

Ainsi, quelquefois les bandes transverses ou la tache scutellaire n'ont pas leur développement normal. Les exemples suivants suffiront pour montrer les modifications que peut subir le dessin.

α *Bande antérieure réduite à une tache en parallélogramme longitudinal, située après le point du calus, isolée de ce dernier, ainsi que du bord latéral, et plus largement de la bordure suturale.*

β *Deuxième bande non prolongée jusqu'au bord latéral.*

γ *Tache scutellaire non liée à celle du calus huméral.*

Variations par excès.

Obs. Plus ordinairement le dessin des élytres envahit une plus grande étendue de la surface des étuis, en restreignant les espaces occupés par la couleur foncière.

Var. B. *Dessin des élytres plus développé que dans l'état normal.*

Obs. Dans ce cas, la tache subbasilaire et la tache ou bande oblique subissent principalement des modifications.

δ *Bande antérieure verte liée à la bande ponctiforme du calus, et plus ou moins développée.*

Obs. La tache subbasilaire de couleur foncière se modifie plus ou moins dans sa forme, figure parfois une sorte de virgule renversée sur l'élytre gauche, ou, plus restreinte, prend la figure d'un ovale oblique.

ε *Bande postérieure plus développée que dans l'état normal.*

Obs. Dans ce cas, la bordure suturale acquiert plus de largeur entre les première et seconde bandes, et le rebord externe se montre vert, entre la seconde bande et la tache apicale.

Var. C. *Elytres dépourvues de tache subbasilaire jaune ou orangée.*

Obs. Faut-il, avec Spinola, considérer cet état comme une simple variation de l'*ammios*, ou, avec d'autres auteurs, le regarder comme le type d'une autre espèce ? La couleur des antennes, l'analogie des formes, la disposition des taches, portent à pencher vers la première opinion.

ζ *Bandes, ou l'une d'elles, étranglées dans leur milieu.*

η *Bande postérieure au moins divisée en deux taches.*

Obs. La bordure marginale est alors étroite et d'une largeur à peu près uniforme. L'éperon des tibias postérieurs du ♂, quoique moins long, semble indiquer par sa forme que cette variation doit se rattacher à l'*ammios*.

Le développement de la couleur verte varie, et souvent de telle manière qu'il paraît constituer la couleur foncière, et les élytres semblent alors vertes ou d'un vert bleuâtre, parées chacune d'une tache subbasilaire, d'une bordure marginale naissant de l'épaule et prolongée jusque vers la moitié de leur longueur, et de deux bandes liées au bord marginal et non étendues jusqu'à la suture; la première transverse, la seconde oblique : tous ces signes, jaunes ou d'un rouge orangé.

A mesure que la couleur verte usurpe un plus grand espace des étuis, les différents signes jaunes s'éloignent du dessin primitif : la tache subbasilaire passe de la figure d'une virgule renversée à celle d'un ovale oblique. La bordure marginale se rétrécit et se montre parfois à peine anguleuse au niveau de la tache subbasilaire. Les deux bandes sont étranglées dans leur milieu et renflées en forme de point à leur moitié interne, ou même divisées.

Il faut rapporter à de tels individus :

Trichodes sipylus. Klug, *Clerii. in* Abhandl. d. K. Akad. d. Wissench zu Berlin. 1842. p. 339. 15. — Id. tiré à part. p. 83. 15.
Trichodes ammios. Spinola, *Clérites.* p. 322. var. G. pl. XXXII. fig. G.

Peut-être faut-il y rapporter aussi au moins quelques-unes des citations suivantes, si les auteurs ont oublié par négligence de mentionner la bordure marginale jaune, quand elle existait.

Attelabus sipylus. Linn., Syst. nat. 10e édit. t. I. p. 387. 6. — Id. 12e édit. t. I. p. 620. 9. — Id. Mus. Lud. Ulric. p. 63. 1.
Clerus sipylus. Fabr., Syst. entom. p. 158. 3. — Id. Entom. syst. t. I. p. 208. 12. — Oliv. Entom. t. IV. no 76. p. 8. 7. pl. 1. fig. 7. *a. b.*
Trichodes sipylus. Fabr., Syst. eleuth. t. I. p. 284. 4.

Mais d'autres individus se rattachant à cette variété C. semblent s'éloigner du *Cl. ammios.* par leur forme proportionnellement plus large; par leur couleur plus bleue (1) ou moins verte : par la bande marginale jaune notablement dilatée au côté interne au dessous du calus huméral; par la bande postérieure, un peu rétrécie de dehors en dedans et peu ou point étranglée dans son milieu.

---

(1) Ménétriés nous a appris que lorsque ces insectes sont tués par l'action du feu, la couleur verte passe au bleu.

Var. D. *Elytres d'un bleu vert, parées chacune de deux taches ou bandes orangées, liées au bord marginal et plus ou moins raccourcies du côté de la suture : la première, transverse, un peu avant le milieu de leur longueur : la deuxième, oblique, un peu avant l'extrémité.*

Obs. Ici, non-seulement la tache subbasilaire, mais encore la bordure marginale ont disparu. La première bande dépasse souvent un peu la moitié de la largeur des élytres et d'autres fois n'arrive pas jusqu'à cette moitié. La bande postérieure n'est pas étranglée.

Les variété C et D et une partie des précédentes ont toutes les élytres fortement et presque sérialement ponctuées.

θ *Elytres bleues.*

Trichodes quadriguttatus (STEVEN), FISCHER, *in* Bullet. de la Soc. i. d. natur. de Mosc. t. I. 1829. p. 68. (zool.). pl. II. fig. 4. — KLUG, *Clerii. in* Abhandl. d. K. Akad. d. Wissensch. zu Berlin. 1842. p. 338. 14. — Id. tiré à part. p. 82. 14.
Trichodes ammios. SPINOLA, *Clérites.* loc. cit. p. 325. 5. var. I. pl. XXXII. fig. i.

ι *Elytres vertes.*

Clerus quadripustulatus. BRULLÉ, Expéd. sc. de Morée. p. 156. 236. pl. XXXVII. fig. 10.

Le *Cl. ammios* se trouve en Espagne, dans le nord de l'Afrique, en Grèce, sur les bords de la mer Noire, dans la Russie méridionale, dans la Perse occidentale.

C. bifasciatus; FABRICIUS. *Bleu ou d'un bleu vert, en dessous. Tête et prothorax bleus, hérissés de poils assez courts. Elytres d'un bleu violet, parées chacune de deux bandes orangées ou d'un rouge orangé, étendues depuis le bord externe, jusqu'au rebord sutural qu'elles ne couvrent pas : la première, transversale, vers la moitié de leur longueur, moins développée de dehors en dedans et sinuée à son bord postérieur près de la suture : la seconde, située aux quatre cinquièmes, oblique.*

♂ Cinquième arceau ventral assez fortement échancré en arc à son ord postérieur : le sixième un peu rétréci d'avant en arrière, tronqué son bord postérieur, à peine plus long sur son milieu qu'il est large la base. Cuisses postérieures droites, à peine plus grosses que les précédentes. Tibias postérieurs droits; munis de deux éperons courts, rèles et presque droits.

♀ Cinquième arceau ventral en ligne droite à son bord postérieur, e sixième une fois plus large que long, obtusément arqué à son bord ostérieur. Cuisses postérieures de la grosseur des précédentes. Tibias ostérieurs droits; munis de deux éperons courts, grèles et droits.

Clerus bifasciatus. Fabr., Spec. insect. t. I. p. 202. 7. — Herbst, Arch. p 87. 3. pl. XXV. fig. 3.
Trichodes bifasciatus. Herbst. Naturg. t. IV. p. 159. 3. pl. XLI. fig. 13. — Fabr., Syst. eleuth. t. I. p. 283. 3.

Obs. Cette espèce se rapproche par le dessin de ses élytres des dernières variations de l'espèce précédente; mais elle s'en distingue par ses élytres sensiblement élargies jusque vers les deux tiers de leur longueur, en ogive, prises ensemble, postérieurement; violettes ou d'un bleu violet; finement et légèrement ponctuées; parées de bandes arrivant, ou à peu près, jusqu'au rebord sutural; par l'antérieure rétrécie de dehors en dedans et ordinairement sinuée à son bord postérieur, près de la suture.

Patrie : le sud-ouest de la Sibérie.

DEUXIÈME BRANCHE

LES ÉNOPLIAIRES.

Caractères. *Tarses* paraissant n'avoir que quatre articles : le premier caché en dessus par le second, et visible seulement en dessous : le quatrième, rudimentaire ou peu apparent, caché dans une échancrure du troisième : celui-ci bilobé. *Palpes labiaux* à dernier article, soit graduellement élargi d'arrière en avant, soit subcylindrique.

Front notablement plus large que le diamètre transversal d'un œil.

Les Enopliaires se partagent en deux rameaux :

		Rameaux.
Prothorax	sans rebord sur les côtés, servant à séparer la partie dorsale de son repli. Massue des antennes visiblement moins longue que tous les articles précédents réunis.	TARSOSTENATES.
	muni sur les côtés d'un rebord servant à séparer sa partie dorsale de son repli. Massue des antennes aussi longue ou plus longue que tous les articles précédents réunis.	ENOPLIATES.

Genre *Tarsostenus*, TARSOSTÈNE; Spinola.

CARACTÈRES. *Tête* à peu près aussi large que longue. *Yeux* séparés du bord antérieur du prothorax par un espace au moins égal à la moitié de leur diamètre, à fossettes fines; suborbiculaires, échancrés assez faiblement à leur partie antérieure. *Antennes* insérées au devant de l'échancrure des yeux, plus avant que leur bord antérieur, sous un très-faible rebord des joues ; à peine prolongées jusqu'aux angles postérieurs du prothorax ; de onze articles : les huit premiers grêles : le troisième une fois plus long que le deuxième : les trois derniers constituant une massue comprimée, à peu près égale à la moitié ou aux deux tiers de la longueur de tous les articles précédents réunis : les neuvième et dixième articles obtriangulaires : le onzième presque carré, à angle antéro-interne un peu avancé. *Labre* transverse; échancré à son bord antérieur. *Palpes maxillaires* un peu plus longs que les labiaux, à dernier article, près d'une fois plus long que large, obtriangulaire, graduellement élargi d'avant en arrière, un peu obliquement tronqué à l'extrémité. *Palpes labiaux* à dernier article obtriangulaire, un peu moins long que celui des maxillaires. *Prothorax* graduellement rétréci sur les deux cinquièmes postérieurs de ses côtés. *Elytres* débordant la base du prothorax du tiers environ de la largeur de chacune; voilant incomplétement l'abdomen. *Ventre* de six arceaux apparents. *Tarses postérieurs* un peu moins longs que le tibia ; à dernier article aussi long que le deuxième. *Ongles* simples, ou à peine munis à la base de chacune de leurs branches, d'une faible dilatation dentiforme.

1. **T. univittatus**; ROSSI. *Dessus du corps noir, hérissé de poils livides : palpes et tige des antennes d'un rouge flave. Tête et prothorax densement ponctués. Elytres marquées de rangées sériales de points prolongées presque jusqu'à l'extrémité ; parées chacune, un peu après le milieu, d'une bande transverse blanche n'arrivant pas à la suture. Dessous du corps noir. Pieds d'un rouge flave : majeure partie des cuisses, noire.*

Clerus univittatus. ROSSI, Mant. t. I. p. 44. — Id. édit. Helw. p. 383. 112. — SCHOENH, Syn. ins. t. II. p. 45. — CHARPENT., Hor. entom. p. 200. pl. VI. fig. 1.
Opilus fasciatus. STEPH., Illustr. t. III. p. 324. 2. — CURTIS, Brit. entom. t. VI. pl. CCLXVII.
Opilus univittatus. STEPH., Man. p. 197. 1564. — KLUK, *Clerii. in* Abhandl. d. K. Akad. d. Wissensch. zu Berlin. 1842. p. 321. 8. — Id. tiré à part. p. 65. 8.
Tarsostenus univittatus. SPINOLA, *Clérites.* t. I. p. 288. 116. pl. XXXII. fig. 3. — J. DU VAL, Gener. t. III. p. 198. pl. XLIX. fig. 244. — ROUGET, Catal. 997.

Long. $0^{m},0065$ à $0^{m},0056$ (2 l. à 2 l. 1/2). — Larg. $0^{m},0007$ à $0^{m},0011$ (1/3 l. à 1/2 l.)

Corps allongé. *Tête* noire, densement et assez grossièrement ponctuée, hérissée de poils livides : épistome, labre, base des mandibules et palpes, d'un rouge flave. *Antennes* de même couleur sur leurs six ou huit articles basilaires, noires sur les suivants, à peine plus longuement prolongées que les angles postérieurs du prothorax. *Yeux* noirs. *Prothorax* tronqué et sans rebord en devant ; tronqué et à peu près sans rebord à la base ; subsinueusement parallèle jusqu'à la moitié de ses côtés, rétréci ensuite presque en ligne droite jusqu'à la base ; plus long que large ; peu fortement convexe ; noir luisant ; marqué sur les côtés de points aussi gros et aussi rapprochés que ceux de la tête, plus espacés sur le dos, et donnant chacun naissance à un poil livide, hérissé. *Ecusson* presque en demi-cercle ou en triangle à côtés curvilignes ; plus large que long ; noir. *Elytres* deux fois et demie aussi longues que le prothorax ; subparallèle ou faiblement élargies jusqu'aux quatre cinquièmes, obtusément arrondies, prises ensemble, postérieurement ; peu convexes sur le dos ; convexement déclives sur les côtés ; marquées de rangées sériales de points arrondis, plus larges que les intervalles près de la base, graduellement affaiblis, prolongés presque jusqu'à l'extrémité, donnant chacun naissance à un poil livide, mi-couché; d'un noir luisant, parées chacune, un peu après la moitié de leur longueur, d'une bande transverse blanche attenante au bord externe, et ne dépassant pas la rangée juxta-suturale. *Dessous du corps* d'un noir luisant; densement ponctué sur la poitrine, pointillé sur le ventre; hérissé de poils blanchâtres. *Pieds* d'un rouge flave, avec les deux derniers tiers des cuisses, noirs.

DEUXIÈME RAMEAU

LES ÉNOPLIATES.

Caractères. *Prothorax* muni sur les côtés d'un rebord servant à séparer la partie dorsale de son repli. *Antennes* à deuxième article plus long que le troisième; à massue presque aussi longue ou plus longue que les huit précédents réunis.

Les Enopliates se partagent en deux genres :

		Genres.
Massue des antennes	visiblement plus longue que les articles premier à huitième réunis. Palpes à dernier article obtriangulaire. Rebord latéral du prothorax faible, invisible à sa partie antérieure quand l'insecte est examiné perpendiculairement en dessus.	*Enoplium.*
	moins longue ou à peine aussi longue que les articles premier à huitième réunis. Palpes à dernier article subcylindrique. Rebord latéral du prothorax très-apparent, entièrement visible quand l'insecte est examiné perpendiculairement en dessus.	*Orthoplevra.*

Genre *Enoplium*, Enoplie; Latreille.

Latreille, Hist. nat. des crust. et des ins., t. IX (1804), p. 146.

Caractères. *Tête* plus large que longue. *Yeux* séparés du bord antérieur du prothorax par un espace presque égal à la moitié du diamètre de l'un d'eux; transverses, échancrés à leur partie antérieure. *Antennes* nsérées au devant de l'échancrure des yeux; plus longues que la tête et le prothorax réunis insérées; sous le rebord des joues; de onze articles: les deux premiers moins grêles que les suivants: le premier arqué sur son côté externe: le deuxième moins court que le suivant: les troisième à huitième grêles, moniliformes; les trois derniers constituant une massue aplatie, une fois au moins plus longue que les huit précédents réunis; les neuvième et dixième obtriangulaires, dentés au côté interne, plus longs que larges; le onzième ovalaire. *Labre* transverse, échancré en devant. *Palpes maxillaires* et *labiaux* à dernier article obtriangulaire. *Prothorax* sensiblement élargi jusqu'aux trois cinquièmes environ de ses côtés, rétréci ensuite; marqué en dessus d'un sillon transversal, croisant la ligne médiane vers le quart de celle-ci, à rebord latéral peu ou point visible, surtout en devant, quand l'insecte est examiné perpendiculairement en dessus. *Elytres* débordant la base du prothorax du tiers environ de la largeur de chacune; voilant l'abdomen. *Ventre* de six arceaux apparents. *Tarses postérieurs* sensiblement moins longs que le tibia; à dernier article à peine aussi long que le deuxième. *Ongles* simples. *Corps* suballongé.

1. **E. serraticorne**; Olivier. *Noir; hérissé de poils d'un fauve livide. Elytres d'un flave roussâtre, sérialement ponctuées sur leur moitié antérieure ou un peu plus, d'une manière fine et irrégulière postérieurement.*

Tillus serraticornis. Oliv., Entom. t. II. n° 22. p. 4. 2. pl. 1. fig. 2. *a. d.* — Fabr., Entom. syst. t. I. 2. p. 78. 3. — Id. Syst. eleuth. t. I. p. 282. 5. — Panz, Faun. Germ. XXVI. 13.

Dermestes dentatus. Rossi, Faun. etrusc. t. I. 1790. p. 34. 82. pl. III. fig. 2. et addend. p. 341. 34. 82.

Enoplium serraticorne. Latr., Hist. nat. t. I. p, 146. 1. — Id. Gener. t. I. p. 271. 1. — Schœnh., Syn. ins. t. II. p. 46. 1. — Klug, Versuch. etc. *in* Abhandl. d. K. Akad. d. Wissensch. zu Berlin. 1842. p. 357. 6. — Id. (tiré à part. p. 103. 6.

Long. $0^m,0036$ à $0^m,0056$ (1 l. 2/3 à 2 l. 1/2). — Larg. $0^m,0009$ à $0^m,0013$ (2/5 à 3/5) à la base des élytres; $0^m,0014$ à $0^m,0017$ (2/3 à 4/5) vers les trois cinquièmes de celle-ci.

Corps suballongé. *Tête* noire; obsolètement pointillée; hérissée de poils livides : parties de la bouche et *antennes* noires ; prolongées jusqu'à la moitié du corps. *Prothorax* tronqué et sans rebord, en devant ; muni d'un rebord étroit et faiblement arqué en arrière, à la base ; élargi jusqu'aux trois cinquièmes de ses côtés, un peu anguleux dans ce point, rétréci ensuite en ligne peu courbe ; marqué de points donnant chacun naissance à un poil hérissé d'un fauve livide. *Ecusson* presque en demi-cercle, noir, sillonné. *Elytres* trois fois environ aussi longues que le prothorax ; graduellement un peu élargies jusqu'aux trois cinquièmes de leurs côtés ; en ogive, prises ensemble, postérieurement ; peu convexes sur le dos, convexement déclives sur les côtés ; d'un roux flave : hérissées de poils concolores ; marquées sur leur moitié ou trois cinquièmes antérieurs de points assez gros et peu profonds, sérialement disposés, irrégulièrement et finement ponctués postérieurement. *Dessous du corps* noir ou brun noir ; ruguleusement et finement ponctué ; garni de poils livides. *Pieds* hérissés de poils semblables ; noirs, avec la base des cuisses et les tarses souvent pâles.

Cette espèce est méridionale. Elle a été trouvée en assez grand nombre, par M. le capitaine Martin, sortant du bois, dans la pharmacie de l'hôpital de Toulon. Sa larve y avait probablement vécu aux dépens de celle des *Anobium*.

Klug a cité, bien à tort, comme synonyme de cette espèce, l'*Attelabus serraticornis* de De Villers : ce dernier est probablement identique avec le *Tillus mutillarius*.

Genre *Orthopleura*, ORTHOPLEVRE ; Spinola.

Spinola. Essai monogr. sur les Clérites, t. II, p. 80.

(ὀρθός, droit ; πλευρά, côté.)

CARACTÈRES. *Tête* plus large que longue. *Yeux* contigus au bord antérieur du prothorax ; transverses ; échancrés à leur partie antérieure. *Antennes* insérées au devant de l'échancrure des yeux ; à peine aussi longuement prolongées que les angles postérieurs du prothorax ; insérées sous le rebord des joues ; de onze articles : le deuxième moins court que le suivant; les troisième à huitième grêles, submoniliformes: les trois derniers constituant une massue comprimée presque aussi longue que tous les articles précédents réunis: les neuvième et dixième articles, dentés au côté interne, plus larges que longs; le onzième ovalaire. *Labre* transverse; faiblement échancré en devant. *Palpes maxillaires* et *labiaux* à dernier article subcylindrique. *Prothorax* à peine élargi en ligne droite jusqu'aux trois cinquièmes de ses côtés, faiblement élargi ensuite; marqué en dessus d'un sillon transversal, croisant la ligne médiane vers le tiers de celle-ci ; à rebord latéral visible sur toute sa longueur, quand l'insecte est examiné perpendiculairement en dessus. *Elytres* débordant la base du prothorax du quart environ de la largeur de chacune. *Ventre* de six arceaux apparents. *Tarses postérieurs* sensiblément moins longs que le tibia ; à dernier article à peu près égal au deuxième. *Ongles* munis d'une dent basilaire. *Corps* suballongé.

1. **O. sanguinicolle;** FABRICIUS. *Corps hérissé de poils noirs et fins : tête, massue des antennes, médi et postpectus, cuisses et presque totalité des tibias, noirs : filet des antennes, prothorax, antépectus, ventre et tarses, d'un rouge flave. Elytres bleues, d'un bleu verdâtre ou noirâtre; marquées, sur leurs trois cinquièmes basilaires, de rangées de points assez gros, pointillés postérieurement.*

Dermestes sanguinicollis. FABR., Mant. t. I. p. 15. 18. — Id. Entom. syst. t. I. p. 231. 19. — PANZER, *in* Naturforsch. t. XXIV. p. 10. 13. pl. I. fig. 13.

Corynetes sanguinicollis. HERBST, Natur. syst. t. IV. p. 153. 4. pl. XLI. fig. 10. *k.* K. — FABR., Syst. eleuth. t. I. p. 287. 5. — Id. SCHOENH., Syn. ins. t. II. p. 51. 7.

Tillus Weberi. FABR., Syst. eleuth. t. I. p. 282. 3.

Enoplium Weberi. LATR., Hist. nat. t. IX. p. 147. — Id. Gener. t. I. p. 271. 1. — SCHOENH, Syn. ins. t. II. p. 47. 2.

Enoplium dulce. LE DOUX, Ann. de la Soc. entom. de Fr. t. II. 1833. p. 474. pl. XVII. fig. 1. 3.

Enoplium sanguinicolle. KLUG, Versuch. etc. *in* Abhandlung. der. K. Akad. d. Wissensch. zu Berlin. 1842. p. 357. 1. — Id. tiré à part. p. 101. 1. — STURM, Deutsch. faun. t. XI. p. 51. 1. pl. CCXXXIII. — BACH, Kæferfaun. 3e liv. p. 94. 1. — L. REDTENB., Faun. austr. 2e édit. p. 553.

Orthoplevra sanguinicolle. SPINOLA, *Clérites.* t. II. p. 82. pl. XLII. fig. 5. — J. DU VAL, Gener. t. III. p. 163.

Long. $0^m,0061$ à $0^m,0078$ (2 l. 3/4 à 3 l. 1/3).— Larg. $0^m,0022$ à $0^m,0033$ (1 l. à 1 l. 1/2).

Corps oblong. *Tête* engagée dans le prothorax jusqu'aux yeux; noire; marquée de points fins et médiocrement rapprochés, donnant chacun naissance à un poil noir, hérissé; labre d'un rouge jaune. *Antennes* un peu plus longuement prolongées que les angles postérieurs du prothorax, d'un rouge jaune, avec la massue noire. *Prothorax* tronqué en devant et à la base; faiblement arqué sur les côtés; muni dans sa périphérie d'un rebord étroit et peu saillant, mais affaibli en devant; au moins aussi long que large; convexe; rayé d'un sillon arqué en arrière, naissant des angles de devant et prolongé jusqu'au tiers sur la ligne médiane; d'un rouge flave; pointillé; hérissé de poils noirs. *Ecusson* presque en demi-cercle plus large que long; d'un noir bleuâtre. *Elytres* débordant la base du prothorax d'un septième environ de la largeur de chacune; trois fois et demie aussi longues que lui; émoussées aux épaules: graduellement un peu élargies jusqu'aux trois quarts de leur longueur, obtusément arrondies postérieurement, prises ensemble; peu convexes sur le dos: convexement déclives sur les côtés; d'un bleu ou bleu vert noirâtre ou obscur; hérissées de poils obscurs; marquées, sur les trois cinquièmes basilaires de leur longueur, de points assez gros, sérialement disposés; pointillées ou finement ponctuées sur les intervalles de ces rangées et sur leur partie postérieure. *Dessous du corps* luisant; hérissé de poils fins et noirs; d'un rouge flave sur l'antépectus et souvent sur le ventre, noir sur les médi et postpectus et souvent sur une partie du premier arceau ventral. *Pieds* noirs; hérissés de poils obscurs : tarses d'un rouge flave : tibias antérieurs et extrémité des autres tibias souvent de même couleur, surtout chez le ♂.

DEUXIÈME GROUPE.

LES CORYNÉTIDES.

CARACTÈRES. *Ventre* de cinq arceaux apparents. *Tarses* paraissant n'avoir que quatre articles : le quatrième, rudimentaire et peu apparent, reçu dans une échancrure du troisième. *Antennes* terminées par une massue. *Mandibules* munies, à leur côté interne, d'une dent au dessous du sommet. *Mâchoires* à deux lobes subcoriaces, frangés à l'extrémité. *Prothorax* muni sur les côtés d'un rebord servant à séparer la partie dorsale du repli.

Les Corynétides se partagent en deux familles :

		Familles.
Angles	munis d'une dent basilaire. Premier article des tarses voilé en dessus par le second, et visible seulement en dessous.	CORYNÉTIENS.
	simples. Premier article des tarses visible, en dessus, à sa base.	LARICOBIENS.

PREMIÈRE FAMILLE.

LES CORYNÉTIENS.

CARACTÈRES. *Ongles* munis d'une dent basilaire. *Premier article des tarses* voilé en dessus par le second, et visible seulement en dessous.

Les Corynétiens se répartissent dans les genres suivants :

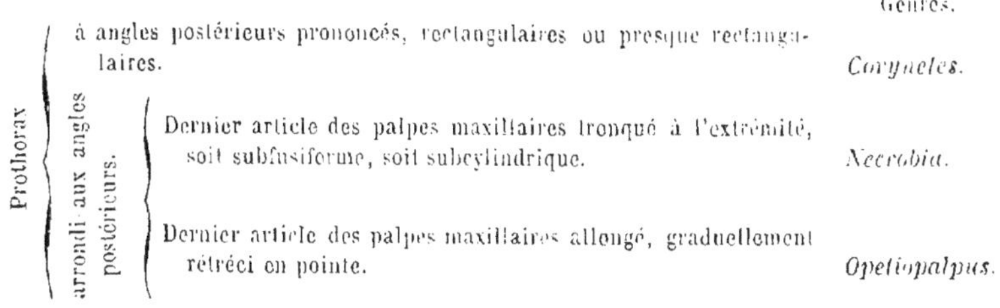

			Genres.
Prothorax	à angles postérieurs prononcés, rectangulaires ou presque rectangulaires.		*Corynetes*.
	arrondi aux angles postérieurs.	Dernier article des palpes maxillaires tronqué à l'extrémité, soit subfusiforme, soit subcylindrique.	*Necrobia*.
		Dernier article des palpes maxillaires allongé, graduellement rétréci en pointe.	*Opetiopalpus*.

Genre *Corynetes*, CORYNÈTE ; Herbst[1].

CARACTÈRES. *Prothorax* à angles postérieurs prononcés, rectangulaires ou presque rectangulaires.

Les espèces de ce genre diffèrent assez sous le rapport des antennes et des palpes pour permettre d'établir plusieurs sous-divisions. M. Suffrian avait déjà signalé la plupart de ces différences (Stettin's Entom. Zeitung, t. V, 1844, p. 27). Voyez aussi, sur les observations de M. Suffrian,

Erichson (Bericht. in Wiegemann's archiv. 1846, p. 94, ou Bericht, p. 30). J. du Val a plus tard établi des sous-genres d'après ces caractères. Il nous a paru plus naturel et surtout plus facile pour l'étude de séparer des *Corynetes*, les espèces ayant les angles postérieurs du prothorax arrondis.

A Elytres creusées chacune d'un sillon juxtà-sutural postscutellaire.

B Dernier article des palpes maxillaires obtriangulaire, plus long que large. Massue des antennes allongée, peu comprimée, composée d'articles peu ou médiocrement serrés, le dernier faiblement plus grand que le précédent. Prothorax sinué sur les côtés, en devant des angles postérieurs. Repli des élytres au moins prolongé jusqu'à l'extrémité du troisième arceau ventral (s.-g. *Corynetops*, J. DU VAL).

C Antennes et tarses noirs.

D Repli des élytres prolongé jusqu'à l'extrémité du quatrième arceau ventral.

1. **C. cœruleus**; DE GEER. *Bleu ou d'un bleu verdâtre, luisant; hérissé en dessus de poils noirs ou obscurs. Antennes et pieds noirs. Tête et prothorax marqués de points assez petits, médiocrement rapprochés : ce dernier, sinué sur les côtés au devant des angles postérieurs. Elytres creusées d'un court sillon juxtà-sutural, postscutellaire; notées d'une dépression transversale, vers le quart de leur longueur; marquées de points sérialement ou presque sérialement disposés, à peine moins petits en devant que ceux du prothorax, affaiblis postérieurement. Intervalles lisses et imponctués. Repli prolongé jusqu'à l'extrémité du quatrième arceau ventral.*

Corynetes cœruleus. KLUG, *Clerii. in* Abhandl. d. Akad. d. Wissensch. zu Berlin. 1842. p. 348. 1. — Id. tiré à part, p. 87. 1. — SPINOLA, *Clérites*. t. II. p. 96. 3. pl. XLIII. fig. 4. — BACH, Kaeferfaun. 3e livr. p. 93. 1. — L. REDTENB., Faun. austr. 2e édit. p. 552.

Corynetes (Corynetops) cœruleus. J. DU VAL, Gener. t. III. p. 201. pl. L. fig. 247.

Clerus cœruleus. DE GEER, Mém. t. V. p. 103. 4. pl. V. fig. 13.

Clerus cyanellus (ANDERSCH.).

Clerus violaceus. MARSH., Entom. brit. p. 323. 3. — SUCKHARD, Brit. coleopt. p. 444. pl. LII. fig. 7.

Corynetes chalybeus. STURM, Deutsch. Faun. t. XI. p. 43. 3. pl. CCXXXII. fig. *a*. A-O moins, la fig. C.

Corynetes violaceus. STEPH., Man. p. 198. 1572. — CURTIS, Brit. entom. t. VIII. pl. CCCLI.

Long. $0^m,0039$ à $0^m,0056$ (1 l. 3/4 à 2 l. 1/2). — Larg. $0^m,0014$ à $0^m,0017$ (2/3 l. à 3/4) à la base des élytres; $0^m,0017$ à $0^m,0022$ (3/4 l. à 1 l.) vers les deux tiers de celles-ci.

Corps oblong. *Tête* d'un bleu luisant, à peine pointillée, hérissée de poils obscurs ou noirs. Parties de la bouche noires. *Antennes* un peu plus longuement prolongées que la base du prothorax, noires; à massue allongée, peu serrée. *Palpes maxillaires* à dernier article obtriangulaire, plus long que large. *Yeux* à facettes médiocres ou assez fines. *Prothorax* tronqué et sans rebord en devant; rebordé, à peine arqué en arrière, et assez fortement sinué près des angles postérieurs, à la base; sinueusement élargi jusqu'aux quatre septièmes de ses côtés, sinueusement rétréci ensuite, ou assez fortement rétréci en ligne courbe jusqu'au sixième, subparallèle postérieurement, à angles postérieurs vifs, rectangulaires, et peu ou point relevés; moins long sur sa ligne médiane, que large vers le milieu de ses côtés; peu fortement convexe; d'un bleu ou bleu vert luisant; marqué de points visiblement moins petits que ceux de la tête, médiocrement rapprochés, donnant chacun naissance à un poil noir ou obscur, hérissé. *Ecusson* presque en ovale transversal, bleu, obsolètement pointillé. *Elytres* deux fois et demie à deux fois trois quarts aussi longues que le prothorax ; faiblement élargies jusqu'aux deux tiers, arrondies, prises ensemble, postérieurement; peu ou médiocrement convexes sur le dos; à fossette humérale étroite; notées d'un sillon juxtà-sutural postscutellaire; marquées sur la moitié interne de chacune, vers le quart ou un peu moins de leur longueur, d'une dépression transversale liée à son extrémité externe au sillon de la fossette humérale; bleues ou d'un bleu verdâtre luisant; marquées de points à peine plus gros que ceux du prothorax, sérialement ou presque sérialement disposés, postérieurement affaiblis, et donnant chacun naissance à un poil noir, hérissé ou peu couché; sans ponctuation sur les intervalles; *repli* prolongé en se rétrécissant jusque vers l'extrémité du quatrième arceau ventral. *Dessous du corps* bleu. *Pieds* noirs, garnis de poils blanchâtres.

Cette espèce se trouve principalement sous les écorces, sur les bois coupés, sur les arbres morts ou caverneux; mais on la rencontre aussi parfois dans les maisons et même sur les matières animales desséchées.

Obs. Le *C. violaceus* se distingue du *C. ruficornis*, par la couleur de ses antennes et de ses tarses; par les angles postérieurs de son prothorax non relevés; par son écusson subarrondi postérieurement; par ses élytres marquées de points arrondis, peu profonds; par ses intervalles plus larges et plus lisses; par son repli un peu plus longuement prolongé.

Il s'éloigne du *C. violaceus* par la massue de ses antennes formées d'articles moins serrés; par la forme du dernier article de ses palpes; par son prothorax fortement sinué sur les côtés, au devant des angles postérieurs, tronqué ou peu arqué en arrière, à la base, marqué de points moins rapprochés; par ses élytres offrant plus visiblement une impression transverse, notées de rangées sériales de points plus petits, lisses et imponctués sur les intervalles; par son repli prolongé jusqu'à l'extrémité du quatrième arceau ventral.

La plupart des anciens auteurs ont vraisemblablement confondu le *C. cœruleus* avec le *violaceus*, et surtout avec le *ruficornis*. La synonymie de ces premiers écrivains n'a donc rien de bien certain.

Sturm, en figurant son *Coryn. chalybeus* qui se rapporte visiblement à cette espèce, à en juger par l'antenne (pl. CCXXXII, fig. D), paraît avoir eu sous les yeux plusieurs espèces, car l'antenne de la fig. C de la même planche appartient au *C. violaceus*.

DD Partie au moins des huit premiers articles des antennes et des tarses, d'un roux fauve. Repli des élytres prolongé jusqu'à l'extrémité du troisième arceau ventral.

2. **C. ruficornis;** Sturm. *Bleu; hérissé en dessus de poils noirs: troisième à huitième articles des antennes d'un roux brun: Tarses d'un roux testacé. Tête et prothorax marqués de points arrondis, médiocrement rapprochés. Ce dernier sinué sur les côtés au devant des angles postérieurs qui sont un peu relevés. Elytres creusées chacune d'un sillon juxtà-sutural postscutellaire; marquées d'une dépression transverse, vers le cinquième de leur longueur; notées de points sérialement disposés, plus longs que larges, au moins égaux en devant à ceux du prothorax, affaiblis postérieurement.*

Intervalles lisses, imponctués. Repli prolongé jusqu'à l'extrémité du troisième arceau ventral.

Dermestes violaceus. SCOPOLI, Entom. carn. p. 18. 51.
Le Clairon bleu. GEOFFR., Hist. t. I. p. 304. 2.
Attelabus Geoffroyanus. LAICHART., Tyr. ins. t. I. p. 247. 4?
Necrobia violacea? OLIV., Entom. t. IV. n° 76 *bis.* p. 5. 1. pl. I. fig. *a. c.*
Corynetes ruficornis. STURM, Deutsch. Faun. XI. p. 42. 2. pl. CCXXXII. fig. *p* P. — KLUG, *Clerii.* in Abhandl. d. k. Akad. d. Wissench. zu Berlin. 1842. p. 347. 2. — Id. tiré à part. p. 91. 2. — BACH, Kaeferfaun. 3ᵉ livr. p. 93. 2. — L. REDTENB., Faun. aust. 2ᵉ édit. p. 552.

Long. 0m,0028 à 0m,0051 (1 l. 1/4 à 2 l. 1/4). — Larg. 0m,0011 à 0m,0014 (1/2 l. à 2/3 l.) à la base des élytres; 0m,0013 à 0m,0016 (3/5 l. à 2/3 l.) vers les deux tiers de celles-ci.

Corps oblong. *Tête* bleue, marquée de points ronds médiocrement rapprochés, donnant chacun naissance à un poil noir, hérissé; parfois notée d'une fossette un peu après le milieu du front. Parties de la bouche noires. *Antennes* prolongées jusqu'aux angles postérieurs du prothorax; noires à leur extrémité, avec les articles deuxième à huitième d'un roux brun: à massue allongée, peu serrée. *Palpes maxillaires* à dernier article obtriangulaire, plus long que large. *Yeux* à facettes médiocres. *Prothorax* tronqué et sans rebord en devant, étroitement rebordé, arqué en arrière et sinué près des angles postérieurs, à la base: rebordé sur les côtés, subsinueusement un peu élargi jusqu'aux quatre cinquièmes de ceux-ci, rétréci ensuite en courbe rentrante: à angles postérieurs, rectangulaires, assez vifs et un peu relevés; au moins aussi long que large; convexe; bleu, marqué de points ronds plus gros que ceux de la tête et des élytres, médiocrement ou peu rapprochés, donnant chacun naissance à un poil noir, hérissé. *Ecusson* presque en demi-cercle, plus large que long, bleu, pointillé. *Elytres* trois fois à trois fois et quart aussi longues que le prothorax; faiblement élargies jusqu'aux deux tiers, en ogive, prises ensemble, postérieurement; médiocrement convexes sur le dos; à fossette humérale médiocre; creusées chacune, en dehors du rebord sutural, d'un sillon prolongé jusqu'au sixième de leur longueur; marquées sur la moitié interne de chacune, vers le cinquième de leur longueur, d'une dépression transversale remontant vers la fossette humérale; bleues, marquées de points sérialement disposés, un peu moins gros en devant que ceux du prothorax, graduellement affaiblis, oblitérés vers l'extrémité, donnant chacun naissance à un poil noir, hérissé. *Repli* assez large prolongé jusqu'à l'extrémité du troisième arceau ventral. *Dessous du corps* bleu; ponctué sur la poitrine, pointillé sur le ventre; garni de poils fins. *Pieds* garnis de poils analogues; bleus, avec les tarses d'un roux testacé.

Obs. Le *C. ruficornis* a quelque analogie avec les *C. cœruleus* et *violaceus;* mais il s'en distingue par la couleur de la tige de ses antennes et de ses tarses.

Il s'éloigne d'ailleurs du *C. cœruleus*, par une taille ordinairement plus petite; par sa couleur d'un bleu moins verdâtre; par son prothorax plus sensiblement arqué en arrière à la base, ordinairement noté vers cette dernière, près des angles postérieurs, d'une fossette très-apparente, relevé à ses angles; par ses élytres marquées de points sublinéaires, plus profonds; par leurs intervalles moins larges; par leur repli moins longuement prolongé.

Il se distingue du *C. violaceus* par la massue de ses antennes formée d'articles plus lâches ou moins serrés; par la forme du dernier de ses palpes; par son prothorax sinué sur les côtés au devant des angles postérieurs; relevé et rectangulairement ouvert à ces derniers; marqué de points arrondis plus gros, moins rapprochés; par les intervalles des rangées de points des élytres imponctués; par le repli prolongé jusqu'à l'extrémité du troisième arceau ventral.

A cette division paraissent appartenir les deux espèces suivantes :

C. pusillus; Klug. *Capite thoraceque subtiliter confertim punctatis, elytris punctato-striatis, punctis majoribus impressis, cyaneus, antennis basi rufis.*

Corynetes pusillus. Klug, *Clerii. in* Abhandl. d. Akad. d. Wissensch. zu Berlin. 1842. p. 347. 3. — Id. tiré à part. p. 91. 3.

Long. 0^m,0045 (2 l.).

Praecedentibus brevior. *Palpi* nigri. *Thorax* elongatus, posticè angustatus, lateribus marginatus. *Elytra* punctato-striata, punctis exca -

ratis usque fere ad apicen sat magnis, apice rarioribus obsoletis. Pedes cinereo-pubescentes, tarsis subtus rufescentibus.

Patrie : la Sardaigne.

C. geniculatus; KLUG. *Capite thoraceque confertim punctatis, elytris punctato-striatis, cyaneus palpis antennisque rufis, his apice nigris, pedibus nigris, coxis, femoribus basi, tibiis apice tarsisque rufis.*

Corynetes geniculatus. KLUG, *Clerii in* Abhandl. d. K. Akad. d. Wissensch. zu Berlin. 1842. p. 347. 4. — Id. tiré à part. p. 91. 4.

Long. 0^{m},0033 (1 l. 1/2).

Affinis praecedenti. Caput confertim punctatum. *Thorax* parum elongatus, posticè parum augustatus, confertim punctatus, plago dorsali longitudinali lævi. *Elytra* apice obsolete punctato-striata. *Palpi* rufi. *Antennæ* rufæ, clava nigra. *Pedes* rufi, *femoribus* apice, tibiis basi late nigriis.

Patrie : l'Espagne et le Portugal.

BB Dernier article des palpes maxillaires tronqué à l'extrémité, mais moins large à celle-ci qu'à la base ou dans son milieu. Massue des antennes peu allongée; formée d'articles serrés : le dernier, presque aussi grand que les deux précédents réunis. Prothorax peu ou point sinué au devant des angles postérieurs (s.-g. *Corynetes*, HERBST).

DD Repli des élytres à peine prolongé jusqu'à l'extrémité du deuxième arceau ventral.

3. **C. violaceus**; LINNÉ. *Bleu; hérissé en dessus de poils noirs. Antennes et tarses noirs. Tête et prothorax marqués de points arrondis, rapprochés : ce dernier rétréci en ligne presque droite, sur sa seconde moitié; souvent crénelé sur les côtés. Elytres creusées chacune d'un sillon juxtà-sutural postscutellaire; marquées d'une dépression transverse obsolète; notées de points sérialement disposés, visiblement plus gros en devant que ceux du prothorax, affaiblis postérieurement. Intervalles ponctués, souvent ruguleux. Repli à peine prolongé jusqu'à l'extrémité du deuxième arceau ventral.*

Dermestes violaceus. LINNÉ, Syst. nat. 10e édit. t. I. p. 356. 13. — Id. 12e édit. t. I. p. 563. 13. — FABR. Syst. ent. p. 37. 10. — Id. Syst. eleuth. t. I. p. 230. 17.

Korynetes violaceus. HERBST, Naturs. t. IV. p. 150. 1. pl. XLI fig. 8. H.

Corynetes violaceus. PAYKULL, Faun. suec. I. p. 275. 1. — FABR., Syst. eleuth. t. I. p. 285. 1. — GYLLENH., Ins. suec. t. III. p. 276. 1. — KLUG, *Clerii, in* Abhandl. d. K Akad. d. Wissensch. zu Berlin. 1842. p. 349. 7. — Id. tiré à part. p. 93. 7. — BACH, Kæferfaun. 3e livr. p. 93. 3. — L. REDTENB. Faun. austr. 2e édit. p. 552. — J. DU VAL, Gener. t. III. p. 201. pl. L. fig. 248 *bis.* — ROUGET, Catal. 1003.

Clerus quadra. MARSH., Entom. brit. p. 323. 4.

Necrobia violacea. LATR., Hist. nat. t. IX. p. 156. 1. pl. LXXVII. fig. 5. — Id. Gener. t. I. p. 274. 1.

Necrobia quadra. STEPH., Man. p. 198. 1568.

Long. 0m,0028 à 0m,0045 (1 l. 1/4 à 2 l.). — Larg. 0m,0011 à 0m,0014 (1/2 l. à 2/3 l.) à la base des élytres ; 0m,0013 à 0m,0016 (3/5 à 3/4 l.) vers les deux tiers de celles-ci.

Corps oblong. *Tête* bleue ; marquée de points assez rapprochés, donnant chacun naissance à un poil noir, hérissé ; offrant ordinairement sur le front des traces plus ou moins faibles d'une impression orbiculaire, voisine, sur les côtés, du bord interne des yeux, prolongée sur la ligne médiane jusqu'au milieu de leur bord antérieur, et en devant jusqu'à l'épistome. *Parties de la bouche* noires. *Antennes* un peu plus longuement prolongées que les angles postérieurs du prothorax ; noires. *Prothorax* tronqué ou un peu arqué et sans rebord en devant ; rebordé, arqué en arrière et assez faiblement sinué près des angles postérieurs à la base ; subsinueusement élargi jusque vers la moitié de ses côtés ; rétréci ensuite en ligne presque droite ou faiblement rentrante ; à angles postérieurs vifs, plus ouverts que l'angle droit et à peine relevés ; moins long sur sa ligne médiane que large vers le milieu de ses côtés ; peu fortement convexe ; bleu, luisant, marqué de points ronds assez rapprochés, moins petits que ceux de la tête, sensiblement moins gros que ceux des rangées sériales des élytres, et donnant chacun naissance à un poil noir, hérissé. *Ecusson* presque en demi-cercle, plus large que long ; noir ; pointillé. *Elytres* près de trois fois aussi longues que le prothorax ; faiblement élargies jusqu'aux deux tiers, obtusément arrondies, prises ensemble, postérieurement ; médiocrement convexes sur le dos ; à fossette humérale assez faible ; creusées chacune, en dehors u rebord sutural, d'un sillon prolongé jusqu'au huitième de leur lon-;ueur, et parfois obsolète; marqué sur leur moitié interne, vers le cin-[uième de leur longueur, d'une dépression remontant obsolètement 'ers le calus huméral; bleues, marquées de points sérialement dispo-és, un peu plus gros près de la base que ceux du prothorax, graduelle-nent affaiblis, donnant chacun naissance à un poil noir, hérissé; fine-nent ponctuées sur les intervalles des rangées. *Repli* prolongé, en se 'étrécissant, au moins jusqu'à l'extrémité du deuxième arceau ventral. *)essous du corps* et *Pieds* bleus ou d'un bleu vert: tarses obscurs ou ıoirâtres: les pieds plus garnis de poils livides ou nébuleux que le :orps.

Obs. Le *C. violaceus* a quelque analogie avec les *C. cæruleus* et *rufi-:ornis.* Il se distingue de tous les deux par le dernier article de ses palpes subovalaires, plus large dans son milieu qu'à son extrémité; par la massue de ses antennes formée d'articles serrés: par son protho-rax peu ou point sinué sur les côtés au devant des angles postérieurs; par le repli de ses élytres à peine prolongé jusqu'à l'extrémité du deuxième arceau ventral.

Il s'éloigne d'ailleurs du *C. cæruleus*, par sa taille ordinairement plus petite; par son prothorax marqué en dessus de points plus serrés et séparés par des intervalles moins lisses; par ses élytres ponctuées sur les intervalles des rangées sériales.

Il se distingue du *C. ruficornis* par ses antennes et ses tarses noirs; par son prothorax marqué de points plus petits, plus serrés et séparés par des intervalles plus lisses; non relevé aux angles postérieurs; par ses élytres visiblement marquées de points sur les intervalles des rangées sériales; notées d'une dépression transversale obsolète.

AA Elytres non creusées chacune d'un court sillon juxtà-sutural et postscutellaire, ou n'en offrant que de faibles traces (s.-g. *Necrobia*).

4. **C. ruficollis;** FABRICIUS. *Poitrine, prothorax, pieds et base des élytres roux ou d'un rouge flave : reste des élytres, tête et ventre, d'un bleu vert. Prothorax à peine sinué sur les côtés au devant des angles postérieurs. Elytres à peine ou non marquées d'un sillon juxtà-scutellaire; sérialement ponctuées. Repli prolongé jusqu'à l'extrémité du premier arceau ventral.*

Dermestes ruficollis. Fabr. Syst. Entom. p. 37. 11. — Id. Syst. Eleuth. t. I. p. 230. 18.

Corynetes ruficollis. Herbst, Naturs. t. IV, p. 159. 3. pl. XI. fig. 9. — Fabr., Syst. eleuth. t. I. p. 286. 3. — Klug, *Clerii*. in Abhandl. d. K. Akad. d. Wissensch. zu Berlin. 1842. p. 350. 9. — Id. Tiré à part. p. 94. 9. — Bach, Kaeferfaun. 3e livr. p. 93. 8. — L. Redtenb., Faun. austr. 2e édit. p. 552. — J. du Val, Gener. p. 163.

Necrobia ruficollis. Oliv., Entom. t. IV. n° 76 *bis*. p. 6. 3. pl. I. fig. 3. — Latr., Hist. nat. t. IX. p. 153. 3. — Id. Gener. t. I. p. 274. 2. — Bonelli, Specimen *in* Memor. della. d. Soc. di agricolt. di Torino. t. IX. p. 165. 1. pl. II. fig. 10. — Spinola, *Clérites*. t. II. p. 103. 2. pl. XLIII. fig. VI. — Steph., Man. p. 198. 1569. — Curtis, Brit. Entom. t. VIII. pl. CCCL. — Suckhard, Brit. Coléopt. p. 144. pl. XLII. fig. 6. — Brullé, Hist. nat. t. VI. Coléopt. t. III. p. 149. pl. IX. fig. 3. — Rouget, Catal. 1001.

Long. 0m,0045 à 0m,0061 (2 l. à 2 l. 3/4). — Larg. 0m,0016 à 0m,0022 (3/4 l. à 1 l.) à la base des élytres : 0m.0020 à 0m.0026 (9/10 l. à 1 l. 1/4) vers les deux tiers de celles-ci.

Corps oblong. *Tête* bleue ou d'un bleu vert plus ou moins foncé ; marquée de points ronds assez rapprochés ; hérissée de poils obscurs. *Palpes* d'un bleu vert obscur. *Antennes* prolongées environ jusqu'au cinquième des élytres ; noires, à massue formée d'articles assez rapprochés : le dernier en carré plus large que long, presque aussi grand que les deux autres réunis. *Palpes maxillaires* à dernier article allongé, subparallèle, à peine plus large dans son milieu, tronqué à l'extrémité. *Yeux* à grosses facettes. *Prothorax* tronqué et sans rebord en devant ; rebordé, arqué en arrière, et subsinué près des angles postérieurs à la base ; rebordé sur les côtés ; anguleusement dilaté vers le milieu de ceux-ci, c'est-à-dire sensiblement élargi jusqu'à la moitié ou aux quatre septièmes, et rétréci ensuite en ligne presque droite ; à angles postérieurs plus ouverts que l'angle droit, moins long que large, assez convexe, d'un rouge flave, marqué de points plus petits que ceux de la tête ; hérissé de poils obscurs. *Ecusson* en ovale transversal, une fois plus large que long ; d'un rouge flave. *Elytres* trois fois environ aussi longues que le prothorax ; graduellement un peu élargies jusqu'aux deux tiers, arrondies, prises ensemble, postérieurement ; médiocrement convexes ; sans sillon juxtà-sutural postscutellaire, ou n'en offrant que de faibles traces; marquées de rangées sériales de points notablement plus gros que ceux du prothorax; pointillées sur les intervalles; hérissées de poils obscurs; bleues ou d'un bleu vert, avec la partie basilaire d'un rouge flave jusqu'au septième sur la suture, et au cinquième sur le bord externe. *Dessous du corps* et *repli* d'un rouge flave jusqu'à la partie postérieure de la poitrine, d'un bleu vert ou noirâtre sur le ventre; le repli prolongé jusqu'à l'extrémité du premier arceau ventral. *Pieds* d'un rouge flave.

Cette espèce, importée sans doute aussi des pays étrangers, se trouve dans diverses parties de la France, principalement dans nos provinces méridionales.

M. Heeger a fait connaître ses différents états, et donné son histoire.

La femelle dépose sur des matières graisseuses, rances ou presque desséchées, une trentaine d'œufs. Ceux-ci ont environ un tiers de ligne de long, moitié moins de largeur; ils sont cylindriques, obtusément arrondis aux extrémités, blancs, peu transparents. Dix à quinze jours après leur dépôt a lieu l'éclosion. Les jeunes larves, à leur sortie, commencent par dévorer leur coque, et cherchent ensuite des parties molles de graisse, dont elles se nourrissent jusqu'à leur entier développement. Trois fois elles changent de peau, dans des intervalles de neuf à douze jours, en conservant leur même forme; et quinze jours après leur dernière mue, elles passent à l'état de nymphe; douze ou quinze jours après, à l'état parfait. L'insecte vit, comme la larve, aux dépens des matières graisseuses ou animales desséchées. (Voyez HEEGER, Beitraege zur Naturgeschichte d. Kaefer, in *Isis*, 1848, p. 974-979, pl. VIII, fig. 13, œuf. — Fig. 14, larve. — Fig. 15-18, parties de la bouche. — Fig. 19, pattes. — Fig. 22, nymphe).

Obs. Cette espèce est assez distincte par ses couleurs, pour ne pouvoir être confondue avec aucune des espèces voisines de notre pays.

Elle a fourni le sujet d'un épisode touchant dont les détails ont été répétés dans le temps à l'un de nous, par le colonel Bory de Saint-Vincent, et qui ont été publiés par ce savant dans l'histoire naturelle des insectes, par M. Brullé. Nous reproduisons ce récit; il pourra faire ajouter un article au chapitre des événements d'une certaine importance, dus à de petites causes.

« Latreille n'était connu, avant 1793, que par des communications d'insectes nouveaux faites aux entomologistes de l'époque, et par des mentions de Fabricius et d'Olivier. Prêtre à Brives-la-Gaillarde, il fut arrêté avec les curés du Limousin qui n'avaient pas prêté serment ; quoique ne desservant pas la paroisse. Il ne dut pas être compris dans la catégorie. Ces malheureux ecclésiastiques, avec ceux qu'on recruta en chemin, furent conduits à Bordeaux sur des charrettes, pour être embarqués et déportés à la Guyane. Ils arrivèrent vers le mois de juin, et furent déposés à la prison du grand séminaire, en attendant qu'un navire fut préparé pour les transporter. On prétend que le proconsul de Robespierre, qui alors représentait le comité de Salut public dans le pays, avait fait disposer le navire pour qu'il pérît en route.

« En ce temps, quoique fort jeune, je m'occupais déjà beaucoup des sciences naturelles : mes parents possédant un beau musée, qui depuis plusieurs générations se formait dans ma famille. Je m'occupais surtout d'insectes, et suivant des cours d'anatomie, les élèves en chirurgie que j'y voyais se faisaient un plaisir de m'apporter les papillons ou les coléoptères qui leur tombaient sous la main.

« Le 9 thermidor qui arriva, comme on pressait la déportation des prêtres, la fit suspendre. Le proconsul sanguinaire fut rappelé à Paris pour rendre compte de sa conduite ; un représentant plus doux fut envoyé à la place. La guillotine fut démontée, les arrêts de mort cessèrent, on ne fit plus d'arrestation ; mais les prisons ne se vidèrent que lentement, et les condamnés à la déportation n'en devaient pas moins être expédiés. Leur départ fut retardé jusqu'au printemps, et Latreille demeura ainsi détenu et bien malheureux, à la prison du grand séminaire.

« Dans la chambre qu'occupait Latreille, était un vieil évêque, bien malade, dont un jeune chirurgien allait chaque matin panser les plaies. Quelques jours avant la mort de ce pauvre monseigneur, comme le chirurgien achevait son pansement, un insecte sortit de je ne sais quelle fente du plancher. Latreille le saisit, l'examine, le pique avec une grande épingle sur un bouchon, et paraît tout content de la trouvaille. C'est donc rare ? dit l'élève chirurgien. — Oui, répond l'ecclésiastique. — En ce cas, vous devriez me le donner. — Pourquoi ? — C'est que je onnais un jeune monsieur qui a une belle collection, de bons livres, t me donne diverses choses à mon goût, quand je lui porte des petites)êtes. — Eh bien, portez-lui celle-ci; dites lui comment vous l'avez ue, et priez-le de m'en dire le nom.

« Le petit bonhomme accourut chez moi, me remit le coléoptère; je ne mis à chercher dans Geoffroy, dans ce qui avait paru d'Olivier, dans 'édition de Linné par Villers, et dans Fabricius, qui était ce qu'on ıvait de mieux, y compris le *Systema naturæ* de Gmelin. Le lendemain, juand l'élève vint savoir ma réponse, avant d'aller au séminaire, je lui lis que je croyais son coléoptère non décrit. Ayant ouï cette décision, atreille vit que j'étais un adepte, et comme on ne donnait point aux létenus de plumes ni de papier, il dit à notre intermédiaire : Je vois bien jue monsieur Bory doit connaître mon nom. Vous lui direz que je suis 'abbé Latreille, qui va aller mourir à la Guyane, avant d'avoir publié son traité sur l'examen des Genres de Fabricius. Quand ceci me fut rapporté, je fus de suite trouver mon père et M. Journu-Auber, mon oncle, qui, sortis du fort de Hâ depuis trois mois, avaient repris dans notre ville, où la terreur cessait graduellement, leur grande influence de fortune et de position. Je leur appris qu'un naturaliste habile était détenu, et les priai de s'intéresser pour lui. Dargelas que je prévins aussi se joignit à nous ; on obtint avec quelques difficultés, mais enfin on obtint de l'administration du département, que Latreille sortirait de prison, sous caution de mon oncle, de Dargelas et de mon père, comme convalescent, et qu'on le représenterait quand l'autorité le réclamerait. Avec l'ordre de sortie, Dargelas courut au séminaire réclamer le prisonnier. La troupe venait de partir pour le funeste embarquement. Nous courons au port ; les malheureux sont déjà sur le ponton. Dargelas prend un bateau, et vient au milieu de la rivière où l'on appareillait : il montre ses pièces ; Latreille lui est livré ; il nous l'amène, et trois jours après, comme il s'hébergeait avec nous, et nous exprimait sa reconnaissance, on apprit que le navire qui portait ses compagnons d'infortune avait sombré en vue de Bordeaux, et que les marins seuls s'étaient sauvés sur la chaloupe du bord. Trois mois après, mes parents avaient fait agir à Paris, et obtenu la radiation complète de l'honorable victime, qui se rendit à pied dans la capitale. »

Le *Necrobius ruficollis* a donc été le sauveur de Latreille ; il a arraché à la mort un naturaliste qui devait être un jour l'une des gloires scientifiques de la France.

Genre *Agonolia* ; Agonolie.

Caractères. *Prothorax* arrondi aux angles postérieurs. *Dernier article des palpes maxillaires* soit subfusiforme, soit subconique, tronqué à l'extrémité. *Elytres* non marquées d'une courte strie postscutellaire juxtà-sutural.

1. **A. rufipes**; De Geer. *Bleu : quatre ou cinq premiers articles des antennes et pieds, d'un roux testacé. Tête et prothorax souvent obscurs ; peu hérissés de poils : le dernier arqué ou subarrondi et non sinué sur les côtés. Elytres rugueuses ou ruguleuses : sans sillon juxtà-postscutellaire et sans dépression transverse : marquées de points sérialement disposés, plus gros en devant que ceux du prothorax, oblitérés postérieurement. Intervalles marqués de petits points. Repli à peine prolongé jusqu'à l'extrémité du premier arceau ventral.*

Clerus rufipes. De Geer, Mém. t. V. p. 165. 1. pl. XV. fig. 4. — Oliv., Encycl. méth. t. VI. p. 18. 25.
Dermestes rufipes. Fabr., Spec. ins. t. I. p. 65. 14. — Id. Entom. syst. t. I. p. 230. 17.
Corynetes rufipes. Herbst, Naturs. t. IV. p. 151. 2. — Fabr., Syst. eleuth. t. I. p. 286. 2. — Klug, *Clerii. in* Abhandl. d. K. Akad. d. Wissensch. zu Berlin. 1842, p. 350. 8. — Id. tiré à part. p. 94. 8. — Bach, Kaeferfaun. 3e liv. p. 93. 4. — L. Redtenb., Faun. austr. 2e édit. p. 552.
Necrobia rufipes. Oliv., Entom. t. IV. n° 76 *bis*. p. 3. 2. pl. I. fig. 2. *a. b.* — Latr., Hist. nat. t. IX. p. 156. 2. — Bonelli, Specimen. *in* Memorie della Soc. d'agricolt. di Torino. t. IX. p. 166. pl. XX. fig. 10 *bis*. — Steph., Man. p. 198. 1570. — Rouget, Catal. 1000.

Long. 0^m,0051 à 0^m,0056 (2 l. 1/4 à 2 l. 1/2). — Larg. 0^m,0018 (4/5 l.) à la base des élytres; 0^m,0022 (1 l.) vers les deux tiers de celles-ci.

Corps oblong. *Tête* variant du noir bleu au bleu obscur, ou au bleu ou verdâtre; marquée de points assez rapprochés; hérissée de poils noirs peu allongés et clair-semés. *Antennes* prolongées jusqu'aux angles postérieurs du prothorax, d'un rouge jaune. *Prothorax* tronqué et sans rebord en devant; rebordé, obtusément arqué en arrière, et à peine sinué ou même sans sinuosité apparente près des angles postérieurs, à la base; rebordé sur les côtés; sensiblement élargi jusqu'aux quatre septièmes de ceux-ci, rétréci, mais non sinué, ensuite; à angles postérieurs très-ouverts, émoussés ou subarrondis et non relevés; plus large que long; médiocrement convexe; variant du noir bleu au bleu verdâtre; marqué de points assez rapprochés, à peine moins petits que ceux de la tête, moins gros que ceux des rangées sériales des élytres; hérissé de poils noirs clairsemés et peu allongés. *Ecusson* en demi-cercle, plus large que long; bleu ou bleu vert; pointillé. *Elytres* trois fois à trois fois et quart aussi longues que le prothorax; faiblement élargies jusqu'aux trois cinquièmes ou deux tiers, obtusément arrondies, prises ensemble, à l'extrémité; très-médiocrement convexes; d'un bleu verdâtre; rugueuses ou ruguleuses; marquées de points sérialement disposés, ordinairement moins distincts après leur moitié, oblitérés postérieurement; peu garnies de poils noirs presque couchés; marquées de petits points sur les intervalles. *Repli* réduit à une tranche à partir de la base du ventre. *Dessous du corps* ponctué; d'un bleu vert ou d'un vert bleuâtre. *Pieds* pubescents; d'un roux testacé.

Cette espèce, importée probablement des pays exotiques, avec les peaux des animaux, se trouve aujourd'hui naturalisée dans la plupart de nos provinces.

Obs. L'*A. rufipes* ne s'éloigne pas seulement des Corynètes, précédemment décrits, par la couleur de ses pieds et de la base des antennes; elle s'en distingue surtout par les angles postérieurs de son prothorax subarrondis ou obtus; par ses élytres ruguleuses, sans sillon juxta-sutural postscutellaire et sans dépression transverse, marquées de petits points sur les intervalles; par son repli réduit à une tranche à partir de l'extrémité du premier arceau ventral ou presque de la base du ventre.

L'*Agon. rufipes* s'éloigne du *C. ruficollis*, près de laquelle feu le marquis de Spinola l'a placée dans la même coupe générique, par son prothorax arrondi à ses angles postérieurs; par ses élytres non marquées d'une strie juxta-suturale postscutellaire; par sa couleur.

Elle se distingue des deux espèces suivantes par son repli à peine prolongé jusqu'au deuxième arceau ventral et par ses couleurs.

A. defunctorum; WALTL. *D'un noir mat et hérissée de poils noirs de même grosseur jusqu'à l'extrémité, où ils semblent comme coupés : huit premiers articles des antennes, tibias, tarses et partie des cuisses, d'un roux fauve ou testacé. Tête et prothorax finement et assez densement ponctués. Elytres marquées de rangées sériales de points assez gros : la rangée correspondant à la fossette humérale convertie en stries : les deux intervalles situés au côté interne de celles-ci subconvexement saillants : massue des antennes et dessous du corps d'un noir un peu luisant. Repli prolongé jusqu'au quatrième arceau ventral.*

Corynetes defunctorum. WALTL, Reise n. Span. t. II. p. 63. — Revue de Silbermann. t. IV. p. 143. — KLUG. *Clerii*. in Abhandl. d. k. Akad. d. Wissensch. zu Berlin. 1842. p. 352. 13. — Id. tiré à part. p. 96. 14.
Necrobia defunctorum. SPINOLA, *Clérites*. t. II. p. 108. 5.

Long. 0m,0023 (1 l. 1/4). — Larg. 0m,0009 (2/5).

Patrie : l'Espagne.

A. bicolor; LAPORTE. *Dessus du corps paraissant presque glabre; marqué de points arrondis, non contigus, petits sur la tête et sur le prothorax, assez gros et non sérialement disposés sur les élytres. Premier article des antennes et prothorax d'un rouge un peu pâle : celui-ci transversal, faiblement en ligne droite jusqu'aux deux tiers, arrondi aux angles postérieurs. Tête, écusson et élytres d'un bleu verdâtre. Repli prolongé jusqu'à l'extrémité du quatrième arceau ventral. Dix derniers articles des antennes et dessous du corps, noirs. Pieds d'un noir brun : genoux d'un rouge brun.*

Corynetes thoracicus. (DEJEAN), Catal. 1821. p. 42.
Corynetes bicolor. LAPORTE, Revue entom. de Silbermann, t. IV. 1836. p. 50. 2. — KLUG, *Clerii. in* Abhandl. d. K. Akad. d. Wissensch. zu Berlin. 1842. p. 352. 11. — Id. tiré à part. p. 96. 11.
Necrobia bicolor. SPINOLA, *Clerites*. t. II. p. 109. 6. pl. XLIV. fig. 4.

Long. 0m,0029 (1 l. 1/3). — Larg. 0m.0009 (2/5) à la base des élytres ; 0m,0014 (1/2) vers les deux tiers de celles-ci.

Patrie : l'Espagne.

Il faut probablement placer dans cette coupe le *Corynetes*

sabulosus; MOTSCHCHULSKY. *Elongatus, subparallelus, niger, valde punctatus, nigro-ciliatus, thorace antennarum articulis* 7, *pectore pedibusque rufis.*

Corynetes sabulosus. VICTOR, Bullet. de la Soc. imp. d. Mosc. 1840. p. 178. pl. IV. fig. i. I. — Id. tiré à part. p. 10. pl. IV. fig. i. I.

Long. 0^m,0028 (1 l. 1/4). — Larg. 0^m,0011 (1/2 l.).

Plus petit, plus parallèle et plus bombé que l'*O. scutellaris;* corselet plus transversal, plus velu; élytres moins fortement ponctuées. *Tête, massue*, c'est-à-dire, trois derniers des *antennes*, *élytres* et *abdomen*, noirs : le reste, d'un rouge jaunâtre, tête, corselet et élytres latéralement ciliés.

Patrie : Steppes du Caucase, sous du fumier desséché.

Genre *Opetiopalpus*, OPÉTIOPALPE; Spinola.

Spinola, Essai monogr. sur les Clérites, t. II, p. 110.

CARACTÈRES. *Prothorax* arrondi à ses angles postérieurs. *Palpes maxillaires* à dernier article environ quatre fois aussi long que large, subgraduellement rétréci en pointe à son extrémité. *Elytres* non marquées d'une strie juxta-suturale et postscutellaire, courte.

1. **O. scutellaris**; ILLIGER. *Dessus du corps peu densement hérissé de poils livides sur la tête et le prothorax, noirs sur les élytres. Tête, palpes, moitié basilaire au moins des antennes, prothorax, écusson, antépectus, pieds et ordinairement partie du dernier arceau ventral, d'un rouge pâle : médi et postpectus et ventre noirs. Tête et prothorax finement, densement et ruguleusement ponctués : le dernier transverse, élargi en ligne droite jusqu'aux deux tiers, arrondi aux angles postérieurs. Elytres d'un bleu ver-*

dâtre foncé, marquées de points arrondis assez gros et non sérialement disposés.

Clerus scutellaris. ILLIG., Verzeich. d. Kæf. Preuss. p. 282. 1. — PANZ., Faun. Germ. 38. 19.

Corynetes scutellaris. KLUG, *Clerii. in* Abhandl. d. K. Akad. d. Wissensch. zu Berlin. 1842. p. 351. 10. — Id. tiré à part. p. 95. 10. — MOTSCH., Insectes du Caucase, *in* Bullet. de la Soc. des natur. de Mosc. 1840. p. 203. pl. VI. fig. *k.* — Id. tiré à part. p. 10. pl. IV. fig. *k.*

Opetiopalpus scutellaris. SPINOLA, *Clérites*, t. II. p. 112. 2. pl. XXXVIII. fig. 29. — J. DU VAL. Genera. pl. L. fig. 249. — L. REDTENB., Faun. austr. 2e édit. p. 553.

Long. 0m,0045 (2 l.). — Larg. 0m,0011 (1/2).

Corps suballongé. *Tête* fauve ou brune; revêtue d'un duvet cendré; concave entre les antennes; rayée d'une ligne longitudinale médiaire plus marquée entre les antennes. *Yeux* bruns. *Antennes* un peu plus longues que le corps; ciliées en dessous; brunes, avec la base du troisième article et des suivants annelée de blanc cendré. *Prothorax* faiblement arqué et sans rebord, en devant, un peu en angle dirigé en arrière et muni d'un rebord étroit, à la base; armé d'une épine vers le milieu de chacun de ses côtés; à peine aussi long sur son milieu qu'il est large à la base; finement chagriné: obscur ou d'un rouge brun; garni d'un duvet cendré, avec la moitié postérieure noire sur chaque cinquième externe de sa largeur; offrant la ligne médiane dénudée, excepté à ses extrémités; chargée, vers les deux cinquièmes de sa longueur, entre cette ligne et chaque côté externe, d'un relief comprimé, dénudé, un peu obliquement transverse. *Ecusson* petit, presque carré; en majeure partie revêtu d'un duvet blanc. *Elytres* trois fois au moins aussi longues que le prothorax; subparallèles, à peine rétrécies (♂), ou faiblement élargies (♀) jusqu'aux trois cinquièmes au moins de leur longueur, rétrécies ensuite en ligne un peu courbe, étroites et tronquées chacune à leur extrémité; marquées, depuis chaque fossette humérale, d'une dépression en demi-cercle dirigé en arrière, prolongée jusqu'aux deux septièmes de la suture; revêtues d'un duvet cendré plus serré et plus apparent sur cette partie déprimée: ce duvet formant une bande cendrée obliquement transversale.

bordée en devant de brun ou brunâtre, avec la région scutellaire moins obscure ; postérieurement parées d'une bordure noire prolongée, en s'élargissant, depuis la partie du bord externe voisine de l'épaule, jusqu'à la ligne élevée interne, un peu avant le milieu de leur longueur; en majeure partie testacées ou d'un fauve testacé sur le reste de leur surface ; chargées postérieurement d'un relief court, dans la direction de l'angle postéro-externe; chargées chacune de trois lignes élevées : l'externe, dans la direction de l'épaule, prolongée depuis la bande cendrée jusqu'aux cinq sixièmes au moins de leur longueur : l'intermédiaire, prolongée depuis la bande cendrée jusqu'au relief qui précède l'angle postéro-externe, mouchetée de noir et postérieurement de cendré : l'interne, à peine représentée en devant par un tubercule souvent peu prononcé, prolongée depuis la bande cendrée jusqu'aux trois quarts ou un peu moins de leur longueur, parée de deux fascicules, comprimés et mi-relevés postérieurement, de poils noirs : l'antérieur, formant la terminaison de la bordure noire précitée, un peu avant le milieu de leur longueur : l'autre, un peu avant les trois quarts; ponctuées, mais moins distinctement sur la partie déprimée. *Dessous du corps* noir ou brun, garni d'un duvet cendré peu épais. *Pieds* hérissés de poils blancs clair-semés ; cuisses d'un testacé rosat à la base, noires sur la massue : tibias d'un testacé rosat, annelés de brun vers le tiers de leur longueur et hérissés de poils noirs vers l'extrémité de leur arête supérieure : tarses d'un testacé rosat, avec l'extrémité des articles obscure.

Cette espèce se trouve en Allemagne et dans le sud de la Russie.

Obs. Elle a beaucoup d'analogie avec le *A. bicolor.* Elle s'en distingue par le dessus de son corps à fond ordinairement testacé; par son prothorax noir sur chaque cinquième externe de sa moitié postérieure; chargé de deux reliefs brièvement transverses, au lieu d'être tuberculeux ; linéairement dénudé sur les trois cinquièmes médiaires de la ligne médiane, au lieu d'être ovalairement dénudé ou tuberculeux après la moitié de la longueur de celle-ci ; par son écusson blanc; par ses élytres obscures au devant de la bande cendrée, ou même noirâtres depuis l'épaule jusqu'au milieu de la largeur de chacune, près de ladite bande.

DEUXIÈME FAMILLE.

LES LARICOBIENS.

CARACTÈRES. *Ongles* munis d'une dent basilaire. *Premier article des tarses* voilé en dessus par le second, et visible seulement en dessous.

Genre *Laricobius*, LARICOBIE; Rosenhauer.

Rosenhauer. *Brocosoma* und *Laricobius*. zw. neue Kaefergatt. 1846.

(λαριξ, mélèze; βιοω, je vis.)

CARACTÈRES. Ajoutez à ceux faisant reconnaître la famille : *Tête* subperpendiculairement inclinée ; presque en triangle notablement plus large que long. *Antennes* insérées au devant des yeux, sous un faible rebord des joues; courtes; de onze articles : le premier épais, peu allongé; le deuxième presque aussi gros, un peu plus court; les troisième à huitième moniliformes, étroits; les trois derniers constituant une massue grossissant graduellement vers l'extrémité. *Yeux* à facettes assez fines, faiblement échancrés par les joues vers leur partie antéro-interne. *Prothorax* sinueusement rétréci vers la base; à angles postérieurs presque rectangulaires; offrant sur les côtés, près des angles de devant, le commencement d'un sillon transversal. *Elytres* débordant de deux cinquièmes de la largeur de chacune la base du prothorax; voilant l'abdomen. *Pieds* assez courts. *Labre* transverse, un peu échancré. *Mandibules* fendues à leur côté interne, près de l'extrémité. *Mâchoires* à deux lobes presque égaux; ciliés ou frangés à l'extrémité. *Palpes maxillaires* à dernier article cylindrique. *Palpes labiaux* à dernier article élargi d'arrière en avant, tronqué à l'extrémité; au moins aussi large à celle-ci que long sur sa ligne médiane.

1. **L. Ericksonii**, ROSENHAUER. *Dessus du corps hérissé de poils fins et assez courts. Antennes blondes. Tête et prothorax noirs ou bruns, marqués de gros points : le second, plus large que long; dilaté et subarrondi*

vers le milieu de ses côtés, subsinué près des angles de devant. sinueusement rétréci postérieurement; offrant de chaque côté, près des angles de devant, le commencement d'un sillon transversal oblitéré dans son milieu. Ecusson revêtu d'un duvet cendré. Elytres marquées de rangées sériales de gros points ombiliqués; brunes sur les côtés. parées d'une bordure suturale brune, large à la la base, graduellement rétrécie, testacées sur le reste. Dessous du corps noir. Cuisses brunes : tibias et tarses testacés.

Laricobius Erichsonii. ROSENHAUER, Brocos. et Laricob. zwei neue Kaefergatt. 1846. — Id. Beitræge zur Insecten-fauna Europas. p. 7. pl. fig. A-B à L. détails. — LACORD., Gener. t. IV. p. 488. — J. DU VAL, Gener. pl. L. fig. 250.

Long. 0m,0017 à 0m,0024 (3/4 l. à 1 l. 1/8). — Larg. 0m,0008 à 0m,0011 (1/3 l. à 1/2 l.)

Corps oblong; hérissé en dessus de poils fins, assez courts, cendrés, fauves ou brunâtres. *Tête* presque perpendiculairement inclinée; enfoncée à peu près jusqu'aux yeux dans le prothorax : noire ou d'un noir brun presque mat; très-finement et densement ponctuée; marquée de gros points disposés presque en cercle : deux près de l'épistome, deux près du bord interne de chaque œil; deux sur le vertex, souvent confondus avec un sillon transversal situé après le niveau du bord postérieur des yeux; deux plus gros sur le front. *Antennes* à peine prolongées jusqu'aux trois quarts des côtés du prothorax : blondes ou d'un flave testacé; garnies de poils fins et concolores. *Yeux* semi-globuleux; faiblement entamés par les joues, vers leur partie antéro-interne. *Prothorax* au moins aussi large en devant que la tête prise aux yeux; tronqué et sans rebord en devant; dilaté et subarrondi ou subanguleux vers le milieu de ses côtés, en ligne presque droite ou subsinueuse après les angles de devant, sur la partie antérieure de ses côtés, sinueusement rétréci, jusque près des angles postérieurs, sur ses deux cinquièmes postérieurs; rebordé et cilié latéralement; plus large que long; obtusément et faiblement arqué en arrière à la base; muni à celle-ci d'un rebord plus étroit dans son milieu que sur le côté; médiocrement convexe; d'un brun noir ou d'un brun de poix, presque mat, avec la partie latérale, dilatée souvent tirant sur le fauve; imponctué sur cette partie, peu distinctement pointillé sur le reste; marqué de gros points, excepté sur les côtés de la moitié antérieure de la ligne médiane; offrant sur les côtés, près des angles antérieurs, le commencement d'un sillon transversal arqué en arrière, oblitéré dans son milieu, et les traces d'un sillon longitudinal sur la seconde moitié de la ligne médiane. *Ecusson* plus large que long, en ogive ou en angle dirigé en arrière sur ses deux tiers postérieurs; revêtu d'un duvet cendré. *Elytres* débordant la base du prothorax des deux cinquièmes de la largeur de chacune; un peu plus larges que lui dans la dilatation de ses côtés; subarrondies aux épaules; faiblement élargies ensuite en ligne droite jusqu'aux deux tiers, subarrondies, prises ensemble, postérieurement; peu fortement convexes; déprimées transversalement vers le cinquième de leur longueur; marquées de points ombiliqués sérialement disposés: la rangée juxta-suturale convertie en strie, excepté à sa partie antérieure; les deux ou trois rangées externes presque striées; brunes sur les trois rangées: marquées sur la suture d'une tache obtriangulaire également brune, couvrant à la base deux ou trois rangées sur chaque étui, et graduellement rétrécies jusqu'à la moitié de la suture, testacées sur le reste: cette partie testacée plus ou moins restreinte, suivant le développement de la matière colorante brune. *Repli* réduit à une tranche, à partir de la base du ventre. *Dessous du corps* noir; finement ponctué; pubescent. *Cuisses* brunes: *tibias* et *tarses* testacés: les tarses antérieurs parfois brunâtres.

Cette espèce a été découverte sur des mélèzes, dans les montagnes du Tyrol, par M. Rosenhauer. Elle a été prise par M. Raymond dans les environs de Fréjus, et par M. Gabillot dans les Alpes. Elle paraît vivre sur les conifères, probablement aux dépens des larves nuisibles à ces arbres.

Obs. La bande longitudinale testacée des élytres varie dans son développement. Parfois elle est plus ou moins restreinte par la matière colorante brune, qui couvre les côtes et une partie au moins de la suture; d'autres fois, quand cette matière colorante a fait défaut, elle envahit presque toute la surface des élytres.

TABLE DES ANGUSTICOLLES

PAR ORDRE ALPHABÉTIQUE

AGONOLIA.
defunctorum 124
rufipes 122
sabulosa. 124

ATTELABUS
apiarus. 78
formicarius. 50
Geoffroyanus 113
mollis. 60
octomaculatus. 73
octopunctatus. 73
quadrimaculatus 57
serraticornis. 46
sipylus 99

CHRYSOMELA
elongata. 38

CLERUS
affinis 91
alvearius. 81
ammios. 95
apiarius. 97
bifasciatus 101
Carcelii. 91
cæruleus. 110
crabroniformis. 74
cyanellus 110
fasciatus. 40
favarius. 88
femoralis 55
formicarius. 40, 50, 55
fuscofasciatus. 60
Lafertei. 91
lepidus 75
leucopsideus 92
mutillarius. 46
nobilis 91
obliquatus 88
pallidus. 67
quadra 116
quadriguttatus. 100
quadrimaculatus 57
quadripustulatus 100
Rechii 93
rufipes. 51, 122
sanguineo-signatus 91
sipylus 99
subapicalis. 90
substriatus. 55

syriacus. 94
transversalis 43
umbellatarum. 75
viridi-fasciatus. 90

CORYNETES
chalybaeus 110
cœruleus. 110
geniculatus. 115
pusillus. 114
ruficollis 117
ruficornis 112
rufipes 122
sanguinicollis 107
violaceus. 110, 115

CYLIDRUS
agilis. 33
albofasciatus 33

DENOPS
albofasciatus. 33
personatus 33

DERMESTES
apiarius. 78
dentatus 105
mollis 60
ruficollis. 118
rufipes 122
sanguinicollis 107
violaceus 118

ENOPLIUM
dulce. 107
sanguinicolle 107
serraticorne. 104

LAGRIA
ambulans 37
atra. 38
ruficollis. 38

LARICOBIUS
Erichsonii. 128

NECROBIA
quadra 116
ruficollis. 117
rufipes 122
violacea. 113, 116

NOTOXUS
cruentatus 71
dimidiatus 69
domesticus. 64
mollis 60, 64, 67
pallidus. 67
schœdia. 67

OPETIOPALPUS
scutellaris 125

OPILO
mollis 60

OPILUS
domesticus. 64
dorsalis. 68
fasciatus 103
frontalis 70
Mimonti. 70
mollis 59
pallidus. 67
tæniatus. 70
thoracicus 71
univittatus 103

ORTHOPLEURA
sanguinicollis 107

TARSOSTENUS
univittatus. 103

THANASIMUS
formicarius 50, 55
mutillarius 46
quadrimaculatus 56
rufipes 53

TILLOIDEA
unifasciata. 40

TILLUS
albofasciatus 33
ambulans 37
bimaculatus. 38
elongatus. 37

formicarius 50
hyalinus 38
mutillarius 46
pallidipennis 43
transversalis 43
tricolor 40
unifasciatus 39
Weberi 107

TRICHODES
affinis 90
alvearius 82
ammios 96
apiarius 78
apicida 79
armatus 79
bifasciatus 101
crabroniformis 75
favarius 88
flavicornis 96
interruptus 79
octopunctatus 73
quadriguttatus 100
senilis 90
sipylus 99
subtrifasciatus 79
umbellatarum 76
unifasciatus 79
zebra 75

ADDENDA ET ERRATA.

Page 79, ligne 11, *Tr. subirifasciatus*, lisez : *subtrifasciatus*.

Page 82, ligne 17, *Clerus alveolarius*, lisez : *Cl. alvearius*.

Page 90, ligne 26, après : parfois ces diverses parties passent au bleu vert ou au vert métallique, ajoutez : comme chez le *Tr. viridi-fasciatus* de M. Chevrolat.

Page 107, ligne 15, **O. sanguinicolle**, lisez : **O. sanguinicollis**.

EXPLICATION DES PLANCHES.

Pl. I. Fig. 1. *Denops albofasciatus.*
2. Larve du *Denops.*
3. Tête de la larve, vue en dessous.
4. Dernier segment du corps.
5. *Tillus elongatus* ♂, var. *hyalinus.*
6. *Opilus mollis.*
7. *Tanasimus mutillarius.*
8. *Tarsostenus univittatus.*
9. *Clerus apiarius.*
10. *Orthopleura sanguinicollis.*

Pl. II. Fig. 1. Larve du *Clerus alvearius.*
2. Antennes, mandibules et labre.
3. *Enoplium serraticorne.*
4. *Corynetes cœruleus.*
5. *Agonolia ruficollis.*
6. *Laricobius Erichsonii.*
7. *Lymexylon navale.*
8. *Hylœcetus dermestoides.*
9. Larve de l'*Hylœcetus.*
10. Parties inférieures de la bouche.
11. Antennes mandibules et labre.

Lyon. — Imp. de PINIER, Sr de Richard, 31, rue Tupin.

ANGUSTICOLES PL. I

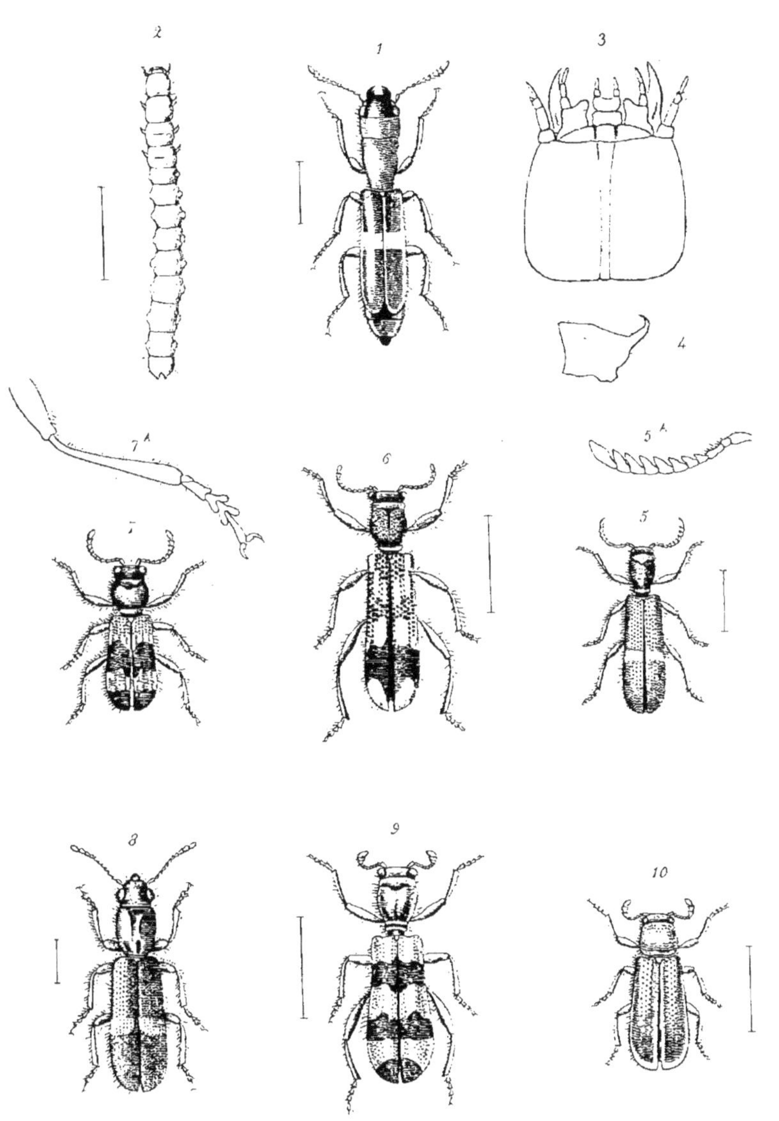

gravé par Dechaud à Lyon

impr. Fugère

HISTOIRE NATURELLE

DES

COLÉOPTÈRES

DE FRANCE

PAR

E. MULSANT

Sous-Bibliothécaire de la ville de Lyon.
Professeur d'histoire naturelle au Lycée.
Correspondant du Ministère de l'instruction publique, etc.

ET CL. REY

DIVERSIPALPES

PARIS

MAGNIN, BLANCHARD et Cie, SUCCESSEUR DE LOUIS JANET
Rue Honoré-Chevalier, 3, près la place St-Sulpice

1863-1864

A MONSIEUR ACHILLE GODART

Officier en retraite,
Chevalier de la Légion d'honneur.

MONSIEUR,

Après de glorieuses années consacrées au service de l'État, et dont les premières remontent aux dernières campagnes du premier Empire, votre esprit intelligent et cultivé a demandé à une science, dans laquelle un de vos oncles a laissé un beau nom, des distractions attachantes et un aliment à son activité. Ces goûts sympathiques aux nôtres ont créé entre nous des liens d'amitié que le temps a resserrés. Puissent ces pages, que nous vous offrons, vous fournir une nouvelle preuve de nos sentiments affectueux.

Vos dévoués,

E. MULSANT ET CL. REY.

Lyon, le 10 Décembre 1863.

TRIBU

DES

DIVERSIPALPES

Caractères. *Antennes* courtes ou très-médiocres; insérées sous un léger rebord des joues, au devant des yeux; de onze articles; soit filiformes, soit épaissies dans leur milieu, soit dentées ou flabellées au côté interne. *Yeux* suborbiculaires; entiers ou entaillés. *Epistome* transversal. *Labre* petit. *Mâchoires* à deux lobes, petits et ciliés. *Palpes maxillaires* plus longs que les labiaux; de quatre articles, variables suivant les sexes. *Menton* corné. *Languette* petite. *Palpes labiaux* de trois articles. *Tête* suborbiculaire; dégagée du prothorax. *Prothorax* légèrement rebordé sur les côtés. *Ventre* de six ou sept arceaux apparents. *Hanches antérieures* allongées; les *postérieures* obliquement transverses sur leur majeure partie, prolongées en arrière, parallèles et presque contiguës à leur côté interne. *Tarses* de cinq articles, longs et grêles. *Corps* allongé, subcylindrique; à téguments de consistance médiocre.

Les insectes de cette petite tribu sont remarquables par leur tête subglobuleuse, dégagée du prothorax, un peu plus large que le bord antérieur de celui-ci; leur corps allongé et subcylindrique; la forme de leurs hanches postérieures; leurs tarses longs et grêles et à articles entiers; leurs palpes maxillaires longs et diversement conformés, suivant les sexes : de là le nom de DIVERSIPALPES donné à ces Coléoptères.

Malgré les caractères généraux signalés ci-dessus, l'étude de leurs parties révèle néanmoins diverses modifications dans la conformation de celles-ci.

La *tête*, subglobuleuse, toujours dégagée du prothorax, quelquefois séparée de celui-ci par une sorte de cou, est au moins aussi large que ce premier segment.

L'*épistome* est transversal : le *labre* petit.

Les *mandibules* sont cornées, arquées, courtes, tranchantes et tronquées ou à peine échancrées à leur extrémité.

Les *mâchoires* sont terminées par deux lobes petits et ciliés.

Les *palpes maxillaires* sont plus longs que les labiaux, généralement pendants, allongés et subfiliformes, chez la ♀, robustes et munis, chez le ♂, d'un appendice parfois flabellé, inséré sur le troisième article.

Le *menton* est corné : la *languette* petite, ordinairement anguleuse en devant.

Les *antennes* insérées au devant des yeux, sous un léger rebord des joues, sont courtes ou faiblement plus longuement prolongées que le prothorax : leur forme varie suivant les espèces et même suivant les sexes. Elles sont filiformes et grêles chez le ♂ des Lymexylons, et épaissies dans leur milieu chez la ♀; dentées en scie au côté interne, chez les Hylœcètes, ou même biflabellées chez certains ♂. On leur compte toujours onze articles : le deuxième court : le onzième appendicé : le troisième plus long ou plus court que le suivant, selon les genres.

Les *yeux*, situés sur les côtés de la tête, sont entiers chez les uns, échancrés chez les autres.

Le *prothorax*, à peu près tronqué en devant et en arrière, se montre transversal chez les Hylœcètes, plus long que large chez les Lymexylons; ses bords latéraux sont séparés du repli par un rebord faible et parfois peu marqué.

L'*écusson* est généralement long, subparallèle sur ses deux tiers postérieurs et subarrondi postérieurement.

Les *élytres*, de consistance médiocre, débordent un peu en devant la base du prothorax, chez les Lymexylons, ou égalent à peine sa largeur chez les Hylœcètes. Elles sont plus ou moins déhiscentes à la suture; subparallèles, ou, par suite de leur déhiscence, graduellement un peu élargies. Tantôt elles voilent le dos de l'abdomen ; tantôt elles en laissent à découvert les derniers arceaux.

Les *ailes*, toujours existantes, sont incomplétement cachées sous les élytres, et peu repliées sous celles-ci à leur extrémité.

L'*antépectus* a des dimensions variables. Le *prosternum* n'est point saillant entre les hanches. Le *postpectus* est grand.

Les *postépisternums* sont allongés, rétrécis d'avant en arrière, et laissent souvent apparaître, sur leur côté externe, l'extrémité des épimères.

Le *ventre* présente six arceaux, chez les Lymexylons, mais dont le premier, voilé dans le milieu par le prolongement des hanches, n'est visible que sur les côtés. On lui compte, d'une manière plus apparente, sept demi-segments chez les Hylœcètes; et même, chez le ♂, le septième arceau semble parfois suivi d'un huitième, de forme conique, rétractile, servant à engaîner diverses pièces.

Les *hanches antérieures* et *intermédiaires* sont allongées : les premières sont subparallèles et subcontiguës chez les Lymexylons, séparées à la base et convergentes vers l'extrémité, chez les Hylœcètes.

Les *hanches postérieures* sont obliquement transverses sur la majeure partie de leur étendue ; mais à leur extrémité interne elles forment en arrière un prolongement notable, parallèle avec son pareil et presque contigu à celui-ci.

Les *cuisses* sont peu renflées, comprimées; munies de trochanters courts; les *tibias*, simples et terminés par des éperons courts ou presque nuls.

Les *tarses* sont simples, grêles, parfois aussi longs que le tibias; filiformes, à articles entiers; terminés par des *ongles* simples ou munis d'une petite dent basilaire.

VIE ÉVOLUTIVE.

Linné, le premier, dans son Voyage dans la Gothie occidentale (1), en 1746, a fourni des détails intéressants sur les premiers états de l'une des espèces de cette petite tribu (2). Il a donné une figure assez grossière de cet insecte à l'état de larve, montré le chemin qu'elle se trace dans les bois qu'elle attaque, et parlé des ravages qu'elle exerce.

Au commencement de ce siècle, Schellenberg (3) a plus exactement représenté, mais sans les décrire, la larve et la nymphe d'une autre espèce (4).

Plus tard Sturm (5) a décrit brièvement les larves et nymphes de ces deux espèces, en répétant ou confirmant les indications données par le Pline du nord, sur les habitudes de ces insectes dans le jeune âge. M. Hartig (6) s'est borné à en dire quelques mots. M. Ratzeburg (7) a donné des espèces précitées une description à peine plus détaillée que celle de Sturm, et a fait figurer les deux larves et la nymphe de l'une d'elles.

Enfin, M. Westwood (8) a reproduit le dessin de ces larves, tiré, pour l'une, de la planche de Schellenberg, et pour l'autre, de l'ouvrage de M. Ratzeburg.

Dès les premiers jours de leur vie évolutive, les insectes dont nous

---

(1) *Œlandska och Gothlandska Resa.* — Traduction allemande sous le titre de *Reisen durch einige schwedische Provinzen*, 2e partie (*Reisen durch Westgothland*), Halle, 1765, p. 172 et suiv., pl. II, fig. 1, bois percé de trous, et montrant le chemin suivi par la larve; fig. 2, larve; fig. 3, nymphe; fig. 4, insecte.

(2) *Cantharis navalis* Linné (*Lymexylon navale*).

(3) *Entomologische Beitræge*, 1802.

(4) *Hylœcetus dermestoides.*

(5) *Deutschland's Fauna*, XIe cah. 1837, p. 59 et 67.

(6) *Jahresberichte*, 1re année, IIe cahier, 1838, p. 182.

(7) *Die Forstinsecten*, t. I, 1839, p. 40 et 41, pl. II, fig. 23 et 26.

(8) *To Introduction to the modern Classification of Insects*, t. I, 1839, fig. 30, nos 19 et 23.

esquissons ici l'histoire, se montrent sous des formes faciles à reconnaître. Leurs larves, dont nous donnerons un peu plus loin une description plus détaillée, sont allongées, subcylindriques, hexapodes. Elles ont la tête subglobuleuse, un peu encapuchonnée dans le premier segment thoracique; les antennes très-courtes, peu apparentes; les ocelles nuls; le corps composé de douze arceaux, en partie garni en dessus de fines granulations ou de spinules, destinées à faciliter les mouvements de l'animal : le prothoracique un peu cuculliforme, plus large que la tête et plus long que chacun des deux suivants : le dernier, terminé en dessus par un appendice tantôt relevé, vésiculeux et arrondi à sa partie postérieure, tantôt allongé, cordiforme, denticulé sur les côtés, bifide à son extrémité et pourvu en dessous d'un mamelon en partie rétractile, au milieu duquel se montre l'ouverture anale.

Ces larves sont principalement destinées à ronger les parties mortes des arbres, ou les troncs privés de séve. La sollicitude instinctive de la mère a eu le soin d'introduire dans les fissures du bois ou dans les trous pratiqués par des insectes xylophages, les germes vivants d'où elles sortiront.

A peine la jeune larve est-elle éclose, qu'elle met en œuvre les instruments reçus de la nature pour perforer les couches ligneuses. Elle pratique des chemins dont le diamètre augmente nécessairement avec le diamètre de son corps. Ses travaux, en lui procurant de la nourriture, ont pour but, dans les desseins providentiels, de permettre plus tard aux agents extérieurs de hâter la destruction des parties végétales, dont les débris deviendront pour la terre un engrais fécond.

Mais parfois ces sortes de bûcherons se multiplient dans nos chantiers de construction, dans nos dépôts maritimes, et y causent d'irréparables dommages. Linné, dans son Voyage en Westgothie, en cite un déplorable exemple. Des pièces de bois d'un grand prix y sont bientôt mises hors d'usage. On peut, sur certains points, compter jusqu'à cent vers occupés à les cribler. Artisans sans repos, ils emploient tous les jours de leur existence vermiforme à exercer leur nuisible industrie.

La larve, au moment de sa sortie de l'œuf, s'avance plus ou moins profondément, et parfois pénètre jusqu'au cœur du bois, puis elle suit la direction des fibres végétales, en remplissant sa galerie de la vermoulure qu'elle laisse après elle.

Quelquefois on trouve ces larves dans les dédales pratiqués par des insectes lignivores (1), et l'on a été tenté de soupçonner qu'elles avaient pour mission, comme celles de nos Angusticolles, de décimer ces populations amies des ténèbres, dont nos grands végétaux subissent les outrages ; mais si parfois elles déchirent d'une dent vengeresse ces vers destructeurs des bois qui se rencontrent sur leur route et semblent empiéter sur leur domaine, rien ne vient justifier les goûts entomophages qu'on pourrait leur supposer. Dans les chemins couverts qu'elles pratiquent, elles sembleraient n'être exposées à aucun danger; mais la Providence qui a su établir avec un équilibre si admirable la répartition des différents êtres sur la terre, leur a donné des ennemis chargés de maintenir leur nombre dans de justes limites. D'autres larves chasseresses, celles des Colydies et des genres voisins, s'introduisent dans leurs retraites ténébreuses, pour les dévorer, et mettent ainsi certaines bornes à leurs ravages.

Quand les sortes de larves qui nous occupent sentent approcher le moment de leur transformation, elles abandonnent la direction longitudinale qu'elles suivaient pour pratiquer un chemin horizontal jusque près des couches les plus extérieures. Leur but est de ne laisser à déchirer qu'un léger voile, quand elles auront revêtu leur forme parfaite. Elles ont le soin de laisser vide cette dernière partie de leur galerie, pour y trouver un berceau commode, durant les jours de repos ou de sommeil qu'elles doivent passer sous la forme de nymphe.

GENRE DE VIE DES INSECTES PARFAITS.

Quand nos Diversipalpes ont rejeté les bandelettes qui les enveloppaient à l'état de momie, et donné à leurs téguments le temps de se consolider, ils s'occupent des moyens à employer pour jouir de la lumière.

---

(1) Principalement dans les galeries du *Bostrichus domesticus*, suivant M. Hartig (*Jahresberichte*, p. 182), et dans celles du *Bostrichus monographus* ainsi que dans celles du précédent, selon M. Ratzeburg (*Forstinsecten*, t. I, p. 41 et 42).

Les uns apparaissent dès que le printemps a fait sentir son heureuse influence; d'autres attendent que les feux de l'été aient échauffé la température des airs.

A peine ont-ils abandonné les lieux obscurs dans lesquels se traînait leur jeune âge, qu'ils semblent préoccupés des actes qui doivent couronner leur vie. On ne les voit pas venir demander aux fleurs les sucs emmiellés de leurs nectaires. Aussi la nature ne leur a-t-elle pas donné les couleurs vives ou joyeuses dont elle a paré la robe de la plupart des insectes Mélitophiles. Ils vont ordinairement se poser sur les bois dont leur robe imite la couleur, ou parfois sur les buissons ou sur les murs. Dans les journées chaudes, ils volent et s'agitent souvent autour des arbres, avec une activité inquiète.

Ils se plaisent principalement dans les parties des zones, froides ou tempérées, couvertes de forêts séculaires. Les femelles surtout se montrent volontiers autour des scieries, et sur les arbres écorcés et nouvellement mis à terre. Elles semblent y chercher un lieu convenable pour assurer l'avenir de leur postérité. Quand elles ont satisfait à ce devoir maternel, elles survivent peu de jours à l'accomplissement de cette tâche; elles disparaissent bientôt dans ce fleuve orageux du temps, qui nous emporte, hélas, nous-mêmes avec tant de rapidité!

HISTORIQUE.

Essayons maintenant de tracer l'historique de la science.

1758. Linné, dont les travaux nous servent de point de départ, rangea dans la 10e édition de son *Systema naturæ*, dans son genre *Cantharis*, la seule espèce alors connue de lui de ces insectes.

1761. Il en ajouta une seconde espèce, dans la 2e édition de sa *Fauna suecica*.

1767. Moins bien inspiré, il colloqua parmi ses *Meloe* le ♂ de cette dernière.

1775. Fabricius, dans son *Systema entomologiæ*, décrivit aussi les deux espèces de nos Diversipalpes connues de Linné; mais, en raison des caractères particuliers de leurs parties de la bouche, il créa pour ces insectes le genre *Lymexylon*.

1787. Dans sa *Mantilla insectorum*, il détacha l'une des espèces précitées, pour la joindre à son genre *Horia;* mais dans ses ouvrages suivants, il la fit rentrer dans le genre *Lymexylon*.

Dans ses divers ouvrages, il augmenta à tort le nombre des deux espèces connues, à l'aide de diverses variétés de celles-ci.

A part Herbst, qui, dans les Archives de Fuessly (1789), plaça un de nos DIVERSIPALPES dans le genre *Lytta*, presque tous les autres écrivains prirent pour guide Linné et Fabricius.

Gmelin, dans la 13e édition du *Systema naturæ* (1787); De Villers, dans l'*Entomologia* de Linné (1789); Cuvier, dans le *Tableau élémentaire de l'histoire des animaux* (1798), continuèrent à nommer les insectes dont il est ici question des *Cantharis*. Gmelin adopta comme sous-genre le nom de *Lymexylon* pour la plupart des espèces, et celui de *Horia* pour celle que Fabricius avait colloquée dans cette coupe. Cuvier, mieux inspiré, partagea ses *Cantharis* en trois sous-genres : 1° *Cantharis* correspondant au Téléphoridès des auteurs modernes ; 2° *Malachius*, FABR.; 3° *Lymexylon*, auquel il donnait le nom français de *Lime-bois*.

Les suivants, à l'imitation de Fabricius, réunirent nos DIVERSIPALPES dans le genre *Lymexylon*. Bornons-nous à citer Olivier (1), Schneider (2), Panzer (3), Latreille (4), Duméril (5), Paykull (6), Lamarck (7).

Latreille, dans son *Précis* (1799), avait fait entrer le genre *Lymexylon* dans la quinzième famille des Coléoptères et lui avait donné pour caractères :

Antennes filiformes, ou en scie dans quelques espèces. Antennules antérieures beaucoup plus longues que les postérieures, grossissant insensiblement, quelquefois irrégulières. Lèvre inférieure allongée. Tarses à articles entiers.

---

(1) *Encyclopédie méthodique*, t. VII, et *Entomologie*, t. II (1790).

(2) *Neuestes Magazin*, 1er cahier (1791), p. 109.

(3) *Faunae Insectorum germanicae Initia*, et *Entomologia Germanica* (1793-1794).

(4) *Précis des caractères génériques des insectes* (1797). — *Histoire naturelle des crustacés et des insectes*, t. IX (1804).

(5) Tableau de la classification des insectes, annexé au premier volume des *Leçons d'anatomie comparée* de G. Cuvier (1800).

(6) *Fauna suecica*, t. II (1800).

(7) *Système des animaux sans vertèbres* (1802).

Duméril, dans le *Tableau* précité (1800), l'avait placé dans sa famille des *Apalytres*, et dans la section des Coléoptères ayant cinq articles à tous les tarses.

Latreille, dans son *Histoire naturelle* (1804), le colloqua dans sa famille des *Malacodernes*, correspondant à celle des *Apalytres* de Duméril.

1806. Ce dernier, dans sa *Zoologie analytique*, donna le tableau suivant des *Coléoptères pentamérés*, ou ayant cinq articles à tous les tarses :

	Familles.
α Elytres dures.	
β Elytres très-courtes, ne couvrant pas le ventre. Antennes grenues.	BRACHÉLYTRES.
ββ Elytres longues, couvrant le ventre.	
γ Antennes en soie ou en fil.	
δ Corps aplati.	
ε Antennes non dentées.	
ζ Tarses simples.	CRÉOPHAGES.
ζζ Tarses natatoires.	NECTOPODES.
εε Antennes dentées. Corselet ou sternum pointu.	STERNOXES.
δδ Corps arrondi, allongé, convexe.	TÉRÉDYLES.
γγ Antennes en masse.	
η Antennes en masse feuilletée.	
ι Antennes en masse feuilletée d'un seul côté.	PRIOCÈRES.
ιι Antennes en masse feuilletée à l'extrémité.	PÉTALOCÈRES.
ηη Antennes en masse non lamellée.	
λ Antennes en masse ronde et solide.	STÉRÉOCÈRES.
λλ Antennes en masse longue, perfoliée.	HÉLOCÈRES.
αα Elytres molles; corselet plat. Antennes de forme variable.	APALYTRES.

Nos DIVERSIPALPES passèrent, dans cet ouvrage, de la famille des APALYTRES, dans celle des TÉRÉDYLES.

1806. Dans son *Genera crustaceorum et insectorum*, Latreille conserva les Coléoptères dont il est ici question, dans sa famille des *Malacodermes*, devenue la cinquième, de la sixième qu'elle était; mais il forma, aux dépens du genre *Lymexylon*, celui de *Hylœcetus*, à l'aide de l'espèce que Fabricius avait autrefois passagèrement colloquée avec ses *Horia*.

1808. Gyllenhal, dans le t. I de ses *Insecta suecica*, sans adopter le genre nouveau, conserva nos DIVERSIPALPES parmi les MALACODERMES de Latreille.

1809. Ce dernier auteur, dans ses *Considérations générales sur l'ordre naturel des animaux*, n'apporta d'autre changement aux dispositions de son ouvrage précédent que de redonner à sa famille des MALACODERMES le sixième rang.

1817. Le même écrivain, dont les idées se sont fréquemment modifiées depuis ses premiers écrits, et souvent d'une manière moins heureuse, plaça nos DIVERSIPALPES dans sa famille des SERRICORNES, la troisième des Coléoptères pentamères, et ils y formèrent la septième tribu, celle des *Lime-bois*.

1817. La même année, Lamarck, dans son *Histoire naturelle des animaux sans vertèbres*, fit entrer les insectes dont il est ici question, dans ses MÉLYRIDES,

A élytres recouvrant l'abdomen; à mandibules fendues à leur pointe ou munies d'une dent au dessous; à corps mou.

Il les distinguait des autres insectes de la même famille par leur tête dégagée et séparée du corselet par un étranglement ou sorte de cou.

1825. Latreille, dans ses *Familles naturelles du règne animal*, divisa la famille des SERRICORNES en deux sections : les *Sternoxes* et les *Malacodermes*. Nos DIVERSIPALPES y restèrent la septième tribu ; mais les *Clairons* placés auparavant dans la quatrième famille, celle des CLAVICORNES, y constituèrent sous le nom de *Clairones* la sixième tribu, et les *Ptiniores* placés au sixième rang. prirent le huitième.

1829. Cet illustre entomologiste, dans la 2e édition du *Règne animal*, forma, dans sa famille des SERRICORNES, pour les insectes dont nous nous occupons, une troisième section, celle des *Lime-bois* ou *Xylotrogues*, distinguée des deux précédentes par leur tête entièrement dégagée.

Leach, dans l'article *Entomology*, inséré dans le t. IX de l'*Encyclopédie d'Edimbourg* (1815), avait, à l'exemple de Latreille, adopté le système tarsal, méthode divisionnaire rejetée ou négligée par la plupart des entomologistes qui avaient subi l'influence des idées de Fabricius. Il avait fait entrer nos DIVERSIPALPES dans la tribu des *Mélyrides*, la huitième des Coléoptères pentamères.

1824. Curtis, soit dans son *Guide pour l'arrangement des insectes*, ,it dans son *Entomologie britannique* (*British Entomology*), (1824-339),

; Stephens, dans ses *Illustrations of british Entomology* (Mandibulata) 1827-1835), s'éloignèrent de la marche suivie par leur compatriote.

Ce dernier, dans le tome V de son ouvrage, fit entrer nos Diversialpes dans sa famille des Œdémérides.

Latreille (1829) avait terminé sa famille des Serricornes par la secion des *Lime-bois*.

Sturm (1837), dans le onzième cahier de sa *Faune d'Allemagne* (*Deutschand's Fauna*), les plaça à la suite de nos Angusticolles, où ils semblent lus naturellement servir de transition aux *Ptiniores* de l'illustre proesseur de Paris.

1839. M. Westwood, dans son *Introduction to the modern Classification of Insectes* se rapprocha des idées de Latreille; remplaça le nom de Serricornes de cet auteur en celui de Priocères (*Priocerata*); appela *Macrosternes* les *Sternoxes*, et *Aprosternes* les *Malacodermes*. Les *Lymexylonides* occupèrent parmi ceux-ci le rang qu'ils avaient dans le *Règne animal*, et formèrent la huitième famille de cette section.

1845. M. Blanchard, dans son *Histoire naturelle des Insectes*, colloqua les coléoptères dont il est ici question, dans sa tribu des Clériens, dont ils formèrent, sous le nom de *Lymexylonides*, la troisième famille.

1845. La même année, M. L. Redtenbacher, dans ses *Genres de la Faune des Coléoptères d'Allemagne disposés d'après une méthode analytique*, plaçait sa famille de Lymexylones à la suite de celles des Ptines et des Anobies, et lui donnait les caractères suivants :

Antennes soit filiformes, soit épaissies dans le milieu, soit dentées. Antépectus sans prolongement sternal vers le médipectus. Tarses de cinq articles, simples. Ongles simples. Corps allongé et cylindrique. Elytres déhiscentes vers l'extrémité, et non convexement déclives à celle-ci.

1852. M. Bach, dans sa *Faune des Coléoptères du nord et du milieu de l'Allemagne*, répéta ces caractères.

1857. M. Lacordaire, dans le quatrième volume de son *Genera des Coléoptères*, adopta les idées de Sturm, sur la place à donner à nos Di-

VERSIPALPES, et fit suivre sa famille des CLÉRIDES de LYMEXYLONES. Il assigna à ces insectes les caractères suivants :

Menton et *languette* petits : le premier corné : la seconde coriace, entière. Deux *lobes* aux mâchoires, petits, lamelliformes et ciliés. *Palpes* robustes : les maxillaires très-développés, pendants et flabellés chez les mâles. *Tête* découverte, suborbiculaire, rétrécie en arrière. *Antennes* de onze articles, insérées au bord antérieur et un peu au-dessous des yeux. *Hanches* antérieures et intermédiaires très-longues, cylindriques, celles-ci contiguës et couchées : les trochantins de celles-là distinctes : les postérieures transversalement obliques, épaisses, prolongées au côté interne en une forte saillie conique ; *jambes* sans éperons terminaux ; *tarses* pentamères longs et très-grêles. *Abdomen* de cinq à sept segments en dessous, tous libres. *Mésosternum* très-long, coupé obliquement de chaque côté en arrière.

1858. M. L. Redtenbacher, dans la 2e édition de sa *Fauna austriaca*, suivit à peu près M. Lacordaire dans l'indication générique des caractères de cette tribu.

1860. Enfin M. Jacquelin du Val, dans son *Genera*, donna de sa famille des LYMEXYLONIDES les caractères suivants :

Mâchoires à deux lobes petits et ciliés. *Palpes* maxillaires de quatre articles ; les labiaux de trois ; les premiers offrant, chez le ♂, un appendice presque toujours grand et flabellé, dépendant du troisième article. *Languette* petite, submembraneuse ; paraglosses nulles. *Tête* entièrement dégagée, suborbiculaire. *Antennes* de onze articles, insérées de chaque côté du front, au devant des yeux. *Pronotum* simple, muni d'une légère ligne latérale, le séparant des parapleures. *Abdomen* offrant inférieurement six ou sept segments apparents tous libres. *Hanches* antérieures longues, subcylindriques, très-saillantes, avec leurs trochantins distincts ; les postérieures épaisses, obliquement transversales, fortement prolongées en une saillie conique intérieurement où elles sont contiguës. *Tarses* tous de cinq articles, grêles, filiformes. *Corps* allongé, subcylindrique, à segments médiocrement résistants.

Dans ce travail, le savant auteur rectifia le chiffre des segments du ventre indiqué par M. Lacordaire et, à son exemple, par M. Redtenbacher, et divisa le genre *Hylœcetus* en deux sous-genres : *Hylœcetus* et *Hylœcerus* : le dernier ne paraissant avoir pour base que des caractères sexuels.

Après les beaux travaux des entomologistes précédents, surtout de ceux qui ont étudié dans ces derniers temps, avec plus de soin, les insectes dont nous allons esquisser l'histoire, notre tâche sera rendue bien facile.

Cette famille se divise en deux familles : les HYLOECETIENS et les LYMEXYLONIENS, composées chacune d'un seul genre.

Genre *Hylœcetus*, HYLOECETE; Latreille.

Latreille. Genera crustaceorum et insectorum. t I (1806). p. 266.

CARACTÈRES. Ventre de sept arceaux, chez la ♀, offrant souvent une sorte de huitième arceau rétractile, chez le ♂; le premier très-visible sur les côtés. *Tête* subglobuleuse; rétrécie en ligne courbe jusque près du bord antérieur du prothorax. *Yeux* subarrondis, médiocres; entiers; hérissés de poils fins. *Antennes* insérées un peu plus avant que le niveau du bord antérieur des yeux, sur la ligne de leur bord interne; moins longuement prolongées que les angles postérieurs du prothorax; de onze articles : le troisième plus long que le quatrième : le onzième appendicé; dentées ou flabellées au côté interne du troisième ou du quatrième article au dixième. *Labre* petit; étroit. *Mandibules* courtes; en pointe ou à peine échancrées à l'extrémité. *Mâchoires* terminées par deux lobes courts et peu ciliés. *Palpes maxillaires* de forme différente dans les deux sexes; longs, pendants et subfiliformes, chez les ♀; moins longs et ordinairement munis d'un appendice simple ou flabellé; vers la base du quatrième article, chez les ♂. *Menton* presque carré. *Lèvre* petite. *Palpes labiaux* beaucoup plus courts que les maxillaires; à dernier article le plus grand. *Prothorax* plus large que long. *Elytres* un peu moins larges que le prothorax à ses angles postérieurs; recouvrant, ou à peu près, le dos de l'abdomen. *Hanches antérieures* très-distantes entre elles à la base, convergeant l'une vers l'autre d'avant en arrière. *Pieds* grêles. *Tarses* de cinq articles : les postérieurs aussi longs que le tibia. *Ongles* munis d'une dent basilaire.

1. **H. dermestoides**; LINNÉ. *Allongé ; pubescent. Tête et prothorax noirs (♂), ou d'un roux flave (♀). Antennes dentées au côté interne. Ecusson caréné. Elytres voilant l'abdomen ; chargées chacune de quatre*

nervures ; noires, ou d'un roux livide, avec l'extrémité noire (♂), ou entièrement d'un roux flave (♀). Pieds d'un rouge roux livide.

♂ Palpes maxillaires noirs ; moins longs et plus robustes ; à premier article plus large que les précédents, excavé en forme de coupe, donnant naissance vers sa partie externe de cette excavation à un appendice, en ligne courbe à sa partie externe, et flabellé à sa partie interne : ce troisième article donnant insertion dans son excavation au quatrième article : celui-ci le plus grand, en ovale oblique. Prothorax faiblement arqué en devant ; presque sans rebord à la base ou muni d'un rebord très-étroit ; non creusé d'un sillon anté-basilaire. Septième arceau ventral de moitié au moins plus long que le précédent ; suivi d'une sorte d'anneau ou d'étui conique, rétractile et parfois caché.

Obs. La tête, le prothorax et l'écusson sont noirs ; les élytres noires, chez les uns, d'un roux pâle avec l'extrémité noire, chez les autres.

♀ Palpes maxillaires roux ; plus longs ; simples, c'est-à-dire sans appendice flabellé, pendants, subcomprimés ; à dernier article le plus long, tronqué à l'extrémité. Prothorax tronqué en devant ; à peine rebordé à la base ; mais creusé au devant de celle-ci d'un sillon linéaire, transverse, non étendu jusqu'aux bords latéraux et s'éloignant graduellement de la base à partir de la ligne médiane. Septième arceau ventral très-court, non suivi d'un appendice.

Obs. Les palpes, la tête, le prothorax, l'écusson et les élytres sont entièrement d'un roux flave ou d'une teinte rapprochée.

♂ Dessus du corps entièrement noir.

Obs. Le dessous du corps est aussi entièrement noir ou noir brun ; les antennes d'un roux fauve ou d'un fauve brunâtre ; les palpes maxillaires noirs ou bruns ; les pieds d'un roux livide ou flavescent, d'un roux nébuleux ou brunâtre.

Meloe Marci. Linn., Syst. nat. 12e édit. t. I. p. 681. 13.
Lymexylon morio. Fabr., Mantiss. t. I. p. 165. 6. — Id. Syst. eleuth. t. II. p. 88. 6.
Lymexylon Marci. Oliv., Entom. t. II. n° 25. p. 4. 2. pl. I. fig. 2. — Latr., Hist. nat. t. IX. p. 134. 2.
Lymexylon barbatum. Panz., Faun. Germ. XXII. 4.
Dircaea barbata. Panz., Faun. Germ. 2e édit. XXII. 4.

Lymexylon proboscideum ♂. SCHELLENB., Entom Beytr. I. p. 8. pl. II. fig. 5-8.

Var. α. ♂ *Tête, prothorax, écusson et extrémité des élytres, noirs : celles-ci d'un roux flavescent sur le reste de leur surface.*

Obs. Labre et base des mandibules roux. Antennes ordinairement d'un roux fauve. Dessous du corps noir, avec les deux derniers arceaux du ventre ordinairement d'un roux flavescent. Pieds de même couleur, ou avec la base des cuisses postérieures ou même des autres, obscure.

Lymexylon proboscideum. FABR., Spec. ins. t. I. p. 256. 4. — Id. Syst. eleuth. t. II. p. 87. 3. — PANZ., Faun. Germ. XXII. 3. — SCHELLENB., Entom. Beytr. I. p. 8. pl. II. fig. 1-4 ♂.

♀ D'un roux testacé, avec les yeux, les ailes et la poitrine, noirs.

Cantharis dermestoides. LINN., Faun. suec. p. 702. — Id. Syst. nat. 12e édit. t. I. p. 650. 25.
Lymexylon dermestoides. FABR., Syst. entom. p. 204. 1. — Id. Syst. eleuth. t. II. p. 87. 1. — OLIV., Entom. t. II. n° 25. p. 4. pl. I. fig. 1. *a-d*. — PANZ., Faun. Germ. XXII. 2.
Lytta francofurtana. HERBST., Arch. p. 145. 5. pl. XXX. fig. 4.
Horia dermestoides FABR., Mant. t. I. p. 164. 2. — ROEMER, Gener. p. 47. 59. pl. XXXIV. fig. 26.
♂ ♀ *Lymexylon proboscideum.* SCHNEIDER, Mag. p. 109.
Lymexylon dermestoides. PAYK., Faun. suec. t. II. p. 161. 1 (♂ ♀ et var.) — GYLLENH., Ins. suec. t. I. p. 315. 1 (♂, ♀ et var.).
Hylœcetus dermestoides. LATR., Gener. t. p. 266 (♀ et ♂). — SCHOENH., Syn. ins. t. III. p. 45 (♀, ♂ et var.). — STÉPH., Illustr. t. V. note. — Id. Man. p. 202 (♂ et ♀). — CURTIS, Brit. entom. t. XIV. pl. DCXXXIV. — ZETTERST., Ins. lapp. p. 89 (♂ et ♀). — BACH, Kaeferfaun., 3e livr. p. 119 (♂. var. et ♀). — L. REDTENB., Faun. austr. 2e édit. p. 556 (♂. var. et ♀). — J. DU VAL, Gener. p. 206. pl. LI.

Long. $0^m,0067$ à $0^m,0202$ (3 à 9 l.). — Larg. $0^m,0009$ à $0^m,0033$ (2/5 à 1 l. 1/2).

Corps allongé; subcylindrique; garni en dessus d'une pubescence fine, hérissée, peu longue, cendrée (♂) ou d'un roux livide ou flavescent (♀); coloré, suivant ses parties, comme il a été dit. *Tête* densement ponctuée; marquée sur le milieu du front, au niveau du bord postérieur des yeux, d'une fossette petite, ovale, à bords relevés, stigmatiformes. *Yeux* noirs. *Antennes* prolongées jusqu'aux deux tiers du prothorax; dentées au côté interne. *Prothorax* transversal, près des deux tiers plus large que long; sans rebord en devant, à peine rebordé sur les côtés et à la base; arrondi aux angles de devant, à peine élargi en ligne presque droite jusqu'aux quatre cinquièmes, rétréci ensuite; à angles postérieurs à peu près droits et un peu relevés; tronqué à la base; convexe, avec les côtés déclives; ponctués; marqué, entre la ligne médiane et les côtés, de deux fossettes: l'une, près du bord antérieur, l'autre vers les trois cinquièmes de sa longueur, séparées par une faible saillie subarrondie. *Ecusson* rétréci après la base, puis subparallèle, presque bilobé à l'extrémité; ponctué; chargé sur la ligne médiane d'une carène affaiblie ou nulle à l'extrémité. *Elytres* un peu moins larges en devant que le prothorax à ses angles postérieurs; six à huit fois aussi longues que lui; arrondies, prises ensemble, à l'extrémité; ordinairement déhiscentes vers celle-ci; peu convexes sur le dos; convexement déclives sur les côtés; finement, densement et ruguleusement ponctuées; chargées chacune de quatre nervures: la deuxième à partir de la suture et la quatrième, prolongées jusqu'aux sept huitièmes de leur longueur: la deuxième, naissant de la base, au côté interne du calus huméral; la première, du sillon situé en dehors du calus huméral; les première et troisième, raccourcies en devant; la deuxième, unie à la troisième vers le milieu de la longueur des étuis; la troisième, un peu après cette longueur. *Dessous du corps* finement pointillé, pubescent. *Pieds* grêles; pubescents.

Cette espèce habite principalement les zones froides ou tempérées. Elle vit, dans son jeune âge, principalement dans les troncs morts ou malades de différents arbres.

Gyllenhal et Sturm indiquent le chêne, l'aulne et le sapin. Sa larve a été trouvée dans le picéa par MM. Warnkœnig et Rieger; dans le chêne, par M. Nœsdsinger; dans le hêtre, par M. Ratzeburg, et par M. Chambovet, de Saint-Etienne (Loire). Nous l'avons rencontrée dans les troncs de cette dernière essence et dans le sapin.

Un jour, le 10 juin, à la Grande-Chartreuse, par un temps chaud et disposé à l'orage, nous vîmes sortir d'un tronc de hêtre, coupé à six ou sept pieds au dessus du sol, une multitude de ces insectes; tous étaient des ♂. Aussitôt qu'ils quittaient de leur retraite, ils volaient avec une grande vivacité autour des arbres sur lesquels des ♀ avaient déjà pris leur essor. Plusieurs de celles-ci ne tardèrent pas à venir se poser, près d'une scierie voisine, sur les planches ou plateaux de hêtres fraîchement sciés, dans le but de chercher un endroit propice pour y cacher l'espérance de leurs descendants à venir.

Obs. La couleur de la robe varie suivant les sexes. Le ♂ est soit entièrement noir, ou avec les élytres d'un roux testacé et l'extrémité noire. La ♀ est d'un roux testacé, avec les yeux et la poitrine, noirs. Fabricius et d'autres ont considéré comme spécifiques ces différences de couleur. Schneider et Paykull ont été les premiers à rapporter ces diverses variations à une même espèce.

Voici la description de la larve :

Long. $0^{m},0225$ (10 l.).

Allongée; subcylindrique. *Tête* notablement plus étroite que le segment prothoracique; subglobuleuse; subcornée; lisse, luisante, d'un livide flavescent; notée sur le vertex d'une ligne plus pâle avancée jusqu'aux deux cinquièmes postérieurs, où elle se divise en deux lignes divergentes, peu apparentes, dirigées chacune vers la base des mandibules; marquée, au devant de la naissance de ces deux lignes, de trois taches d'un fauve brunâtre, disposées d'une manière rayonnante et notée, vers ces taches, de quelques légères fossettes; hérissée sur les côtés de poils livides. *Epistome* charnu; rétréci d'arrière en avant en forme de triangle tronqué, aussi long que large. *Labre* charnu; petit, semi-orbiculaire, remplissant l'espace existant entre le côté basilaire interne de chaque mandibule. *Mandibules* courtes, larges à la base, en quart de cercle à leur côté externe, assez longuement tronquées et tranchantes à leur extrémité interne; coriaces et d'un livide flavescent à la base, noires et cornées à l'extrémité. *Mâchoires* charnues; offrant à leur partie interne basilaire une sorte d'appendice bilobé; munies d'un lobe continu, conique, terminé en pointe subcornée et offrant près de celle-ci des spinules entremêlées de poils. *Palpes ma-*

xillaires plus courts que le lobe des mâchoires; coniques; de trois articles; garnis de quelques poils. *Lèvre inférieure* charnue, composée d'un menton formé de deux pièces : la basilaire en parallélogramme transversal : l'antérieure, plus longue que large, subcylindrique; terminée par des pièces palpigères courtes, divergentes, et pourvue d'une languette aussi avancée que les palpes. *Palpes labiaux* coniques; de deux articles. *Antennes* très-courtes, peu visibles; situées immédiatement en arrière de la base des mandibules; coniques; garnies de poils offrant trois articles apparents. *Ocelles* nuls. *Corps* composé de douze segments : les trois thoraciques portant chacun en dessous une paire de pieds : le prothoracique le plus large de tous, débordant la tête de chaque côté, presque aussi long que les méso et métathoracique réunis; en parallélipipède transversal; coriace; lisse avec la partie antérieure et ses côtés couverts de fines granulations; marqué d'une légère fossette de chaque côté de son disque. *Abdomen* de neuf segments, subcoriaces : le premier aussi court que l'anneau métathoracique : le deuxième et surtout le troisième moins courts; les suivants plus longs : les trois premiers lisses en dessus : les autres garnis en dessus de granulations fines sur le quatrième, moins fines sur le cinquième, transformées sur les autres en petites pointes subcornées : ces pointes constituant une rangée transversale, vers la moitié de la longueur du sixième segment, une ligne arquée près du bord antérieur du septième et deux petites rangées sur le huitième : le neuvième rétréci d'avant en arrière en forme de cône plus long que large et terminé par un appendice corniforme, une fois et demie plus long que large, recourbé vers son extrémité, plan en dessus, parallèle, armé de petites pointes ou dentelures de chaque côté, bifide et corné à son extrémité; pourvu en dessous d'un mamelon pseudopode, au milieu duquel se montre l'anus : le mamelon, garni de granulations et pourvu de chaque côté d'une rangée de petites pointes concourant à donner plus d'énergie à la progression de la larve. *Dessous du corps* presque charnu ou subcoriace comme le dessus. *Pieds* médiocres; garnis ou hérissés de poils un peu raides; composés de quatre pièces : une hanche, paraissant suivie d'un trochanter, d'une cuisse, d'un tibia et d'un tarse terminé par un ongle aigu. *Stigmates* au nombre de neuf paires : l'antérieure, située sur le deuxième arceau thoracique, un peu en devant et en dehors de la deuxième paire de pieds, en dessous du bourrelet latéral : chacune des huit autres paires, en dessus de ce bourrelet, sur les huit premiers segments abdominaux.

Schellenberg (Entom. *Beitræge*, 1802) a le premier représenté cette larve.

Sturm (Deutsch. Faun. t. XI, 1837, p. 71) en a donné une courte description. M. Ratzeburg (Forstins. t. I, 1839, p. 40) l'a également décrite et fait représenter (loc. cit., pl. II, fig. 21 B). M. Nordlinger (Stettin entom. Zeit. 1848, p. 227, pl. I, fig. 3) a fourni quelques détails sur elle, et a donné une image des trous dont sont criblées les parties des bois dans lesquelles elle a vécu. (Voyez aussi du même auteur : *Nachtræge zu Ratzeburg's Forstinsecten*, 1856, p. 2). M. Westwood (*Introduction*, etc.) l'a également fait représenter.

Nymphe. Allongée; garnie sur la tête de poils fins; de granulations sur le prothorax et l'écusson, et de petites spinules sur les derniers anneaux de l'abdomen. *Palpes* pendants. *Antennes* couchées sur les côtés de la tête et du prothorax. *Elytres* et *ailes* déhiscentes et incourbées sur les côtés du corps. *Pieds* convergents vers la partie médiane de la poitrine et du ventre. *Abdomen* rétréci à partir du neuvième arceau : les deux derniers plus courts : le dernier, tronqué.

Suivant M. Ratzeburg, cet insecte ne reste qu'une huitaine de jours à l'état de nymphe.

L'insecte paraît au printemps.

H. Flabellicornis; SCHNEIDER. *Allongé, pubescent. Tête et prothorax noirs. Antennes flabellées au côté interne (♂). Elytres voilant à peu près tout le dos de l'abdomen, chargées chacune de quatre nervures; d'un roux testacé, avec l'extrémité noires. Pieds d'un rouge livide, avec les cuisses postérieures noires. Dessous du corps noir; région anale d'un roux flave (♂).*

♂ Antennes biflabellées au côté interne, à partir du troisième article.

? ♀ Antennes dentées au côté interne, à partir du troisième article.

Cantharis .... UDDMAN, Nov. Ins. Spec. p. 25. 49. pl. fig. 4 (♂).

Lymexylon flabellicorne. SCHNEIDER, Neuest. Magaz. (1791). p. 109. note (♂). — PANZ., Faun. Germ. (1794). XIII. 10 (♂). — GYLLENH., Ins. suec. t. IV. (1827). p. 352. 2. (♂).
Hylæcetus flabellicornis. SCHŒNH., Syn. ins. t. III. p. 46. 2. (♂).
Hylœcerus flabellicornis. J. DU VAL, Gener. t. III. p. 206. pl. LI. fig. 252. ♂.

Long. 0m,0078 à 0m,0100 (3 l. 1/2 à 4 l. 1/2). — Larg. 0m,0022 (1 l.).

♂ *Corps* allongé, subcylindrique, pubescent. *Tête* suborbiculaire, noire. *Labre* et *palpes* d'un roux flave. *Antennes* d'un roux brunâtre; biflabellées au côté interne, à partir du troisième article, et munies à la base d'un appendice foliacé. *Prothorax* transversal, noir. *Ecusson* noir. *Elytres* un peu moins larges en devant que le prothorax à sa base; voilant à peu près tout le dos de l'abdomen; subparallèles, faiblement rétrécies postérieurement; subarrondies chacune à l'extrémité; chargées chacune de quatre nervures; d'un roux flave ou testacé, avec l'extrémité noire. *Ailes* brunes. *Dessous du corps* noir; région anale d'un roux flave ou testacé. *Pieds* d'un roux flave : cuisses postérieures noires.

Nous en devons un exemplaire à la générosité de M. le baron Henri de Bonvouloir.

Cette espèce habite le nord de l'Allemagne, la Finlande et sans doute aussi quelques autres contrées septentrionales de l'Europe, et y est rare.

Le ♂ seul de cette espèce est encore bien connu. Il a été décrit et figuré pour la première fois par Uddman, en 1753. La ♀ est probablement comme le soupçonnait cet auteur, l'insecte décrit par lui après le précédent (loc. cit. p. 25, n° 49). Elle différerait du ♂ par ses antennes d'un rouge roux, non flabellées, c'est-à-dire simplement dentées au côté interne; par ses élytres d'un rouge roux ou testacé plus brièvement noires à l'extrémité; par le dessous de son corps d'un roux flave sur le ventre, à partir du deuxième arceau.

Elle doit sans doute aussi différer par la forme des palpes, dont les auteurs ne parlent pas.

S'il en est ainsi le sous-genre *Hylœcerus* de J. DU VAL ne reposerait que sur des différences particulières à l'un des sexes, et aurait conséquemment une faible valeur.

L'*H. flabellicornis* ♂ s'éloigne facilement de l'*H. dermestoides* ♂, par ses antennes flabellées. La ♀ du premier se distinguerait de celle du second, par sa tête et son prothorax noirs; par ses élytres noires à l'extrémité; par sa poitrine et les deux premiers arceaux du ventre, noirs; par ses cuisses postérieures noires ou brunes.

Genre *Lymexylon*, LYMEXYLON; Fabricius.

Fabricius. Systema entomologiae, 1775, p. 204.

CARACTÈRES. *Ventre* de six arceaux : le premier visible seulement sur les côtés. *Tête* plus large que longue; rétrécie presque immédiatement après les yeux, et séparée du prothorax par une sorte de cou. *Yeux* gros et saillants; entaillés à angle rentrant, à leur partie antérieure; hérissés de poils fins assez nombreux. *Antennes* insérées au devant de l'échancrure des yeux; subfiliformes (♂), ou plus épaisses dans leur milieu (♀); ni dentées ni flabellées au côté interne; de onze articles : le troisième plus court que le quatrième : le onzième appendicé. *Labre* petit, transverse. *Mandibules* courtes; entières ou à peine échancrées à l'extrémité. *Mâchoires* à deux lobes courts; médiocrement ciliés: l'interne plus petit. *Palpes maxillaires* de forme différente dans les deux sexes; longs, pendants et subfiliformes, chez la ♀; moins longs et munis d'un appendice irrégulièrement flabellé chez le ♂. *Menton* presque carré. *Lèvre inférieure* courte. *Palpes labiaux* beaucoup plus courts que les maxillaires. *Prothorax* plus long que large. *Elytres* un peu plus larges que le prothorax à ses angles postérieurs; laissant à découvert les deux ou trois derniers arceaux du dos de l'abdomen. *Hanches antérieures* parallèles, rapprochées l'une de l'autre. *Pieds* grêles. *Tarses* de cinq articles : les postérieurs au moins aussi longs que le tibia. *Ongles* simples.

1. **L. Navale**; LINNÉ. *Sublinéaire, subcylindrique, pubescent. Tête noire. Antennes au moins aussi longuement prolongées que les angles postérieurs du prothorax. Celui-ci plus long que large, bissinué à la base; d'un roux testacé (♀), et maculé de noir (♂). Elytres laissant à découvert au*

moins les deux derniers arceaux de l'abdomen; d'un roux pâle ou testacé à la base et sur une largeur graduellement rétrécie à la suture, avec le côté externe et souvent l'extrémité, noirs ou d'un brun noir. Ventre d'un roux orangé. Poitrine noirâtre (♀) ou d'un roux livide (♂). Pieds de cette dernière couleur.

♂ Palpes maxillaires peu allongés, robustes; à deuxième article grand, plus large que long, profondément excavé au sommet : le troisième, très-court, peu apparent, en majeure partie reçu dans l'excavation du précédent, excavé lui-même et obliquement en forme de coupe : le quatrième, presque ovalaire, inséré dans l'excavation du troisième; offrant, à la partie postérieure de sa base, un appendice naissant de l'excavation du troisième, fortement et irrégulièrement flabellé, un peu courbé postérieurement.

♀ Palpes maxillaires assez longs; à deuxième article obtriangulaire le troisième court : le quatrième un peu plus long que le deuxième plus large, obtusément tronqué.

Cantharis navalis. LINN., Syst. nat. 10ᵉ édit. t. I. p. 403. 29. — Id 12ᵉ édit. t. I p. 650. 26.

Lymexylon navale. FABR., Syst. entom. p. 204. 2. — Id. Syst. eleuth. t. II p. 88. 4. — OLIV., Entom. t. II. n° 25. p. 5. 4. pl. I. fig. 4. *a. b.* — PANZ Faun. Germ. XXII. 5. — PAYK., Faun. suec. t. II. p. 161. 2. ♀. — LATR Hist. nat. t. IX. p. 135. 4. — Id. Gener. t. I. p. 267. 1. ♀. — GYLLENH Ins. suec. t. I. p. 316. 2. ♀. — SCHOENH., Syn. ins. t. III. p. 46. 1. — STURM Deutsch. Faun. t. XI. p. 61. pl. CCXXXIV. ♂ ♀. — CURTIS, Brit. entom t. VIII. pl. CCCLXXXII. — STÉPH., Illustr. t. V. 62. — Id. Man. p. 202. 160[illegible] — RATZEB., Fortins. t. I. p. 41. pl. II. fig. 23. ♂ ♀. fig. 23. B. larve. — BACH, Kaeferfaun. t. III. p. 120. 1. — LACORD., Gener. t. IV. p. 504. — I REDTENB., p. 576. — J. DU VAL. t. III. p. 207. pl. LI. fig. 253. ♀.

Long. $0^m,0067$ à $0^m,0135$ (3 l. à 6 l.). — Larg. $0^m,0012$ à $0^m,0020$ (3/5 l. à 9/10 l.).

Corps sublinéaire, subcylindrique; garni en dessus d'une courte pubescence. *Tête* finement granulée, ou finement et densement ponctuée noire; à pubescence obscure, courte et hérissée. *Labre* et *base des mandibules* d'un roux pâle ou testacé. *Palpes* de même couleur. *Yeux* noir hérissés d'un duvet court, fin et assez épais. *Antennes* grèles et filiformes (♂), un peu épaissies dans le milieu chez la ♀; brunes ou d'un brun fauve, avec les premiers articles d'un roux testacé et moins pubescents. *Prothorax* tronqué ou un peu arqué en devant; arrondi aux angles antérieurs; subparallèle ou faiblement élargi sur les côtés; bissinué à la base, avec les angles postérieurs dirigés en arrière; plus long que large; médiocrement convexe en dessus, convexement déclive sur les côtés; sans rebord ou à peine rebordé; superficiellement pointillé; roux ou d'un roux fauve (♀) ou plus ou moins maculé de brun (♂). *Ecusson* subparallèle, arrondi postérieurement; aussi long que large; roux ou d'un roux testacé; pubescent. *Elytres* un peu plus larges que le prothorax à ses angles postérieurs; quatre fois au moins aussi longues que lui; plus courtes que l'abdomen, dont elles laissent au moins les deux derniers arceaux à découvert; subparallèles ou un peu atténuées postérieurement; arrondies chacune à l'extrémité; ordinairement en partie déhiscentes à la suture; médiocrement convexes sur le dos, convexement déclives sur les côtés, obsolètement pointillées; garnies d'une pubescence fine et couchée; d'un roux pâle ou testacé, avec le bord externe et l'extrémité, bruns ou noirs (♀), ou noires, avec la base et la suture jusqu'au delà de la moitié de leur longueur, d'un roux pâle ou testacé (♂). *Ailes* noires ou noirâtres. *Dessous du corps* finement ponctué, pubescent. *Poitrine* rousse ou d'un roux testacé (♂), ou noirâtre (♂). *Ventre* d'un roux tirant sur l'orangé (♂ ♀). *Pieds* d'un roux testacé, pubescent.

Cette espèce vit principalement dans le chêne. Elle est ordinairement assez rare; mais quelquefois elle se multiplie dans les chantiers de bois destinés aux constructions navales, et y cause de grands dégâts.

La larve a beaucoup d'analogie avec celle de l'*H. dermestoides;* mais son dernier arceau est pourvu d'un appendice vésiculeux très-relevé et arrondi à sa partie postérieure, au lieu d'avoir une sorte de prolongement corniforme.

Linné, comme nous l'avons dit, a le premier fait connaître cette larve, dont Sturm, MM. Ratzeburg et Westwood ont ensuite donné une description et la figure.

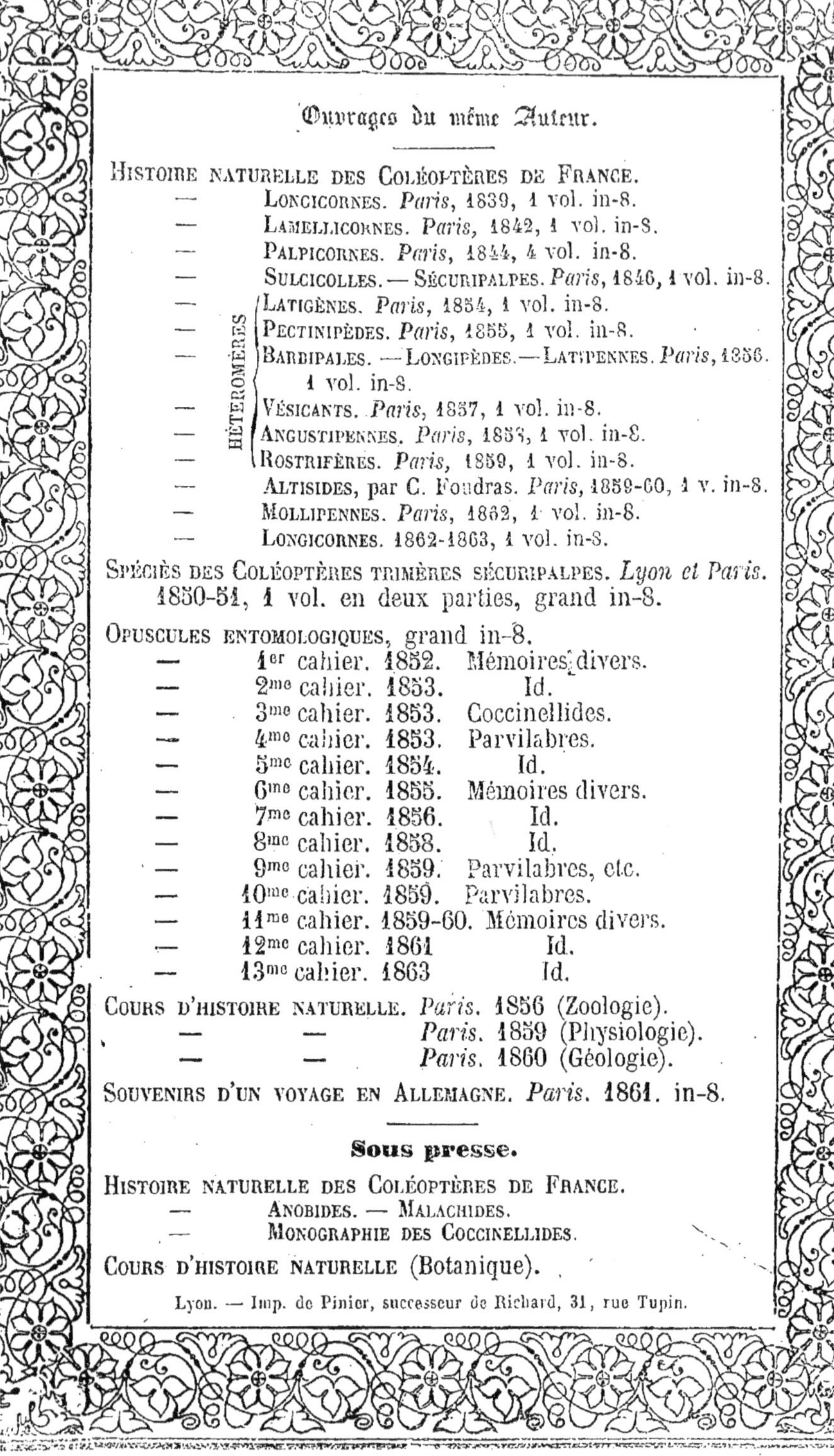

Ouvrages du même Auteur.

HISTOIRE NATURELLE DES COLÉOPTÈRES DE FRANCE.
— LONGICORNES. *Paris*, 1839, 1 vol. in-8.
— LAMELLICORNES. *Paris*, 1842, 1 vol. in-8.
— PALPICORNES. *Paris*, 1844, 1 vol. in-8.
— SULCICOLLES. — SÉCURIPALPES. *Paris*, 1846, 1 vol. in-8.
— HÉTÉROMÈRES: LATIGÈNES. *Paris*, 1854, 1 vol. in-8.
— PECTINIPÈDES. *Paris*, 1855, 1 vol. in-8.
— BARBIPALES. — LONGIPÈDES. — LATIPENNES. *Paris*, 1856. 1 vol. in-8.
— VÉSICANTS. *Paris*, 1857, 1 vol. in-8.
— ANGUSTIPENNES. *Paris*, 1858, 1 vol. in-8.
— ROSTRIFÈRES. *Paris*, 1859, 1 vol. in-8.
— ALTISIDES, par C. Foudras. *Paris*, 1859-60, 1 v. in-8.
— MOLLIPENNES. *Paris*, 1862, 1 vol. in-8.
— LONGICORNES. 1862-1863, 1 vol. in-8.

SPÉCIÈS DES COLÉOPTÈRES TRIMÈRES SÉCURIPALPES. *Lyon et Paris*. 1850-51, 1 vol. en deux parties, grand in-8.

OPUSCULES ENTOMOLOGIQUES, grand in-8.
— 1er cahier. 1852. Mémoires divers.
— 2me cahier. 1853. Id.
— 3me cahier. 1853. Coccinellides.
— 4me cahier. 1853. Parvilabres.
— 5me cahier. 1854. Id.
— 6me cahier. 1855. Mémoires divers.
— 7me cahier. 1856. Id.
— 8me cahier. 1858. Id.
— 9me cahier. 1859. Parvilabres, etc.
— 10me cahier. 1859. Parvilabres.
— 11me cahier. 1859-60. Mémoires divers.
— 12me cahier. 1861 Id.
— 13me cahier. 1863 Id.

COURS D'HISTOIRE NATURELLE. *Paris*. 1856 (Zoologie).
— — *Paris*. 1859 (Physiologie).
— — *Paris*. 1860 (Géologie).

SOUVENIRS D'UN VOYAGE EN ALLEMAGNE. *Paris*. 1861. in-8.

Sous presse.

HISTOIRE NATURELLE DES COLÉOPTÈRES DE FRANCE.
— ANOBIDES. — MALACHIDES.
— MONOGRAPHIE DES COCCINELLIDES.

COURS D'HISTOIRE NATURELLE (Botanique).

Lyon. — Imp. de Pinier, successeur de Richard, 31, rue Tupin.

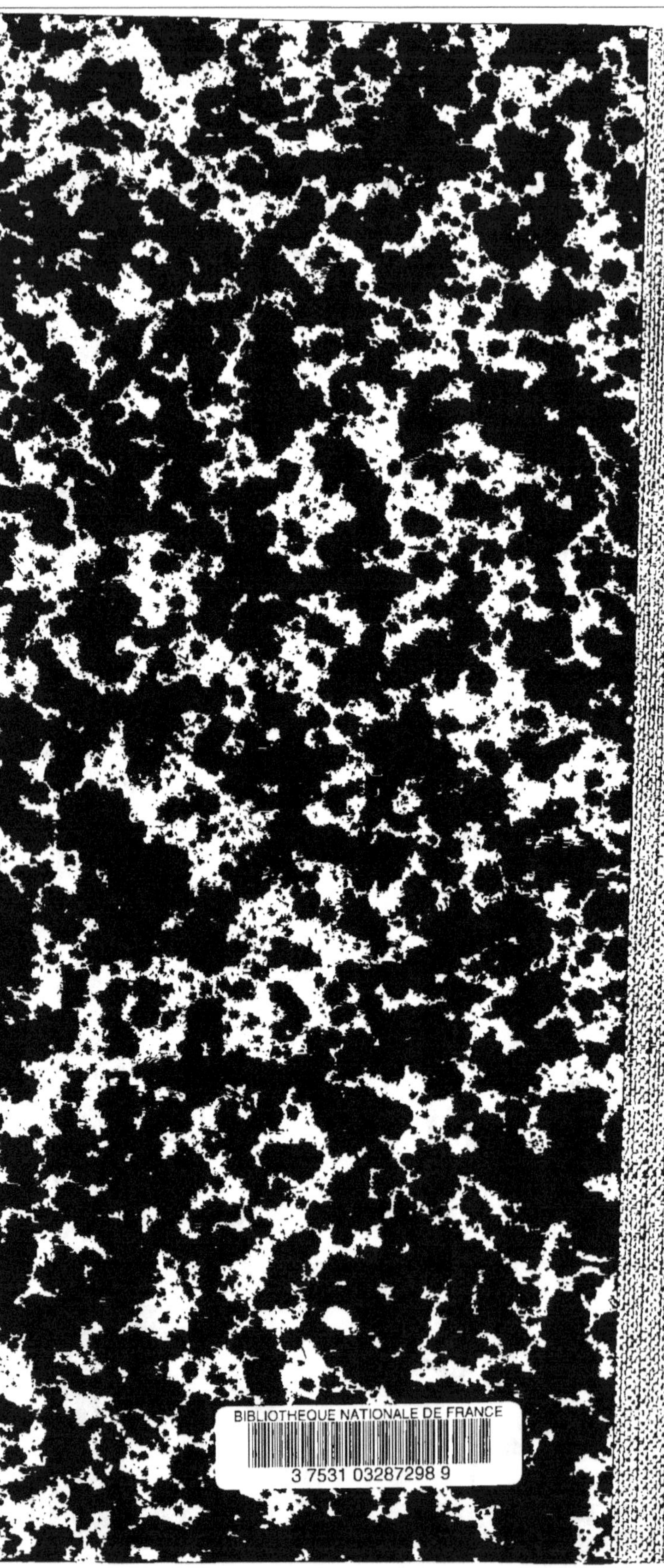

www.ingramcontent.com/pod-product-compliance
Lightning Source LLC
Chambersburg PA
CBHW072344200326
41519CB00015B/3651

* 9 7 8 2 0 1 3 5 1 3 5 4 8 *